SELBSTLADEGEWEHRE BIS 1945

ENTWICKLUNG – TYPEN – TECHNIK

MICHAEL HEIDLER

VISIER Motorbuch Verlag

Einbandgestaltung: Luis dos Santos

Bildnachweis: Die zur Illustration dieses Buches verwendeten Aufnahmen stammen – wenn nicht anderes vermerkt ist – vom Verfasser.

ISBN: 978-3-613-04333-6

1. Auflage 2020

Sie finden uns im Internet unter www.motorbuch-verlag.de

Lektorat: Sebastian Quillmann
Innengestaltung: Jürgen Knopf, 74321 Bietigheim-Bissingen
Druck und Bindung: DZS Grafik, d.o.o., 1210 Ljubljana-Sentvid
Printed in Slovenia

Vorwort

»Der größte Feind des Fortschritts ist nicht der Irrtum, sondern die Trägheit«, schrieb der bekannte englische Kulturhistoriker Henry Thomas Buckle bereits Mitte des 19. Jahrhunderts in seinem Buch über die Geschichte der Zivilisation in England. Wie wahr diese Erkenntnis ist, zeigt sich bis heute in vielen Bereichen. Auch die Infanteriebewaffnung im Ersten Weltkrieg hätte mit weniger Trägheit eine andere sein können.

Schon viele Jahre vor dem »Großen Krieg«, wie er später oft heroisch verklärt wurde, experimentierte man in den Waffenwerkstätten Europas mit Gewehren, bei denen der Schütze nicht nach jedem Schuss über einen von Hand zu betätigenden Mechanismus Munition aus einem Magazin in das Patronenlager nachladen muss. In Anlehnung an das lateinische Wort »repetere« für »wiederholen« nannte man diese Waffen Repetierer. Freilich waren sie ein Fortschritt gegenüber den noch früheren Einzelladern, aber der Repetiervorgang hielt je nach Ausbildungsstand des Schützen nicht nur die Feuergeschwindigkeit relativ niedrig. Vielmehr musste der Schütze nach jedem Schuss eine Hand vom Abzug nehmen, um nachzuladen, und konnte so sein anvisiertes Ziel aus den Augen verlieren. Bei einem sich schnell bewegenden Ziel reichte das Zeitfenster oft nicht aus, um mehrere Treffer zu erzielen.

Eine Waffe, die von selbst nachlädt, wäre da eine große Hilfe. Viele Konstrukteure zerbrachen sich den Kopf darüber und schufen teilweise komplizierte Selbstladewaffen. Hierbei gilt es, zu unterscheiden, ob die jeweilige Waffe nach dem automatischen Wiederladevorgang bei durchgezogenem Abzug weiterschießt oder ob der Schütze für den nächsten Schuss erst den Abzug loslassen und erneut durchziehen muss. Erstere werden als vollautomatische Waffen und letztere als halbautomatische Waffen bezeichnet.

Dieses Buch beschäftigt sich mit der Geschichte der halbautomatischen Gewehre und Karabiner. Es war ein langer und steiniger Weg, ehe sich die ersten Selbstladegewehre an der Front bewähren durften. Doch zur Massenbewaffnung wurden solche Waffen nie, und selbst im Zweiten Weltkrieg blieb der Mehrlader die Standardwaffe der Infanterie. Danach begann bereits die Zeitrechnung der Sturmgewehre, welche die Selbstlader in den meisten Bereichen überflüssig machten.

An dieser Stelle möchte ich allen hilfsbereiten Personen und Institutionen danken, die mich bei der Arbeit an diesem Buch unterstützt haben.

Neben meinem Autorenkollegen Alexander Losert gilt mein besonderer Dank für Fotos und technische Informationen Alex MacKenzie und Richard Colton vom Springfield Armory Museum, Jonathan Ferguson vom National Firearms Centre Leeds, Jan Skramoušský vom Militärmuseum Prag, Ian McCollum von ForgottenWeapons.com, Othais McCarthy von C&Rsenal, dem National Museum of the Marine Corps in Quantico, dem Militär- und Festungsmuseum Full-Reuenthal, dem Königlichen Armeemuseum in Brüssel, Morphy Auctions (ehemals James D. Julias Auctions) und der Rock Island Auction Company.

Viele hervorragende Fotos habe ich auch diesmal wieder meiner Frau Claudia zu verdanken.

Abbildungen ohne Herkunftsnachweis stammen aus dem Archiv des Autors oder von hilfsbereiten Personen, die nicht namentlich genannt werden möchten.

Michael Heidler
Steinheim, 2020

Inhalt

Schweden beteiligte sich ab 1964 an den Einsätzen der UNFICYP (United Nations Force In Cyprus) auf Zypern. Mit dabei war das Automatgevär m/42B; rechts daneben ein finnischer Soldat mit seinem Sturmgewehr Valmet Rk 62.

Geschichte & Technik

Heutzutage sind Selbstladegewehre allgegenwärtig, sowohl im militärischen und polizeilichen Dienst als auch im zivilen Leben bei Sport und Jagd. Während im Kampf die Feuergeschwindigkeit zählt, ist es bei Zivilwaffen oft das sanftere Schussverhalten und auch ein bisschen Bequemlichkeit. Man muss schließlich nicht nach jedem Schuss von Hand nachladen.

Armeen, die im Zweiten Weltkrieg noch keine solche Waffe nutzten, führten sie spätestens in den Jahren danach ein. Doch die Blühte währte nicht lange. Die im Deutschen Reich während des Krieges begonnene Entwicklung der Sturmgewehre weckte das Interesse der Militärs rund um den Globus und verdrängte bald als neue Massenbewaffnung die Selbstladegewehre aus der ersten Reihe.

In der Anfangszeit versuchten sich viele Erfinder am Umbau von bereits vorhandenen Militärgewehren. Material war reichlich vorhanden. So richtig wusste auch noch niemand, welche Methode zum Nachladen wohl die bessere ist. Rückstoßlader beispielsweise verwenden die Energie des Rückstoßes, um nach einem Schuss den Verschluss zu öffnen, die leere Patronenhülse auszuwerfen und eine neue Patrone aus dem Magazin ins Patronenlager zu schieben. Man unterscheidet dabei noch zwischen Rückstoßladern mit weit zurückgleitendem Lauf und denen mit kurz zurückgleitendem Lauf. Der Verschlussantrieb erfolgt also nicht durch Gasdruck, sondern durch die Bewegung des Geschosses im Lauf und den dadurch entstehenden Rückstoßimpuls.

Eines der vielen Experimente zur Weiterverwendung von Repetiergewehren: ein britisches SMLE No.1 Mk III, versuchsweise umgebaut in einen Gasdrucklader im Jahre 1918.

Dieses SMLE No.1 Mk III mit »Rieder Automatic Rifle Attachment« schoss sogar vollautomatisch.

Die Nutzung des Gasdrucks führte zu den sogenannten Gasdruckladern. Dabei wird vom Druck der Verbrennungsgase ein Teil abgezweigt und entweder direkt über eine Röhre oder indirekt über eine Stangen- bzw. Kolbenmechanik auf den Verschluss geleitet, um diesen in Bewegung zu versetzen. Manche frühen Waffen besitzen unförmige Mündungsaufsätze, um den Gasdruck dort zu fangen. Das deutsche Heereswaffenamt etwa verbot das Anbohren von Läufen zur Gasentnahme, da ein Verstopfen oder Ausbrennen der Bohrung befürchtet wurde. Doch die Meinungen änderten sich bald und heute sind angebohrte Läufe sehr gebräuchlich.

Trotz allem sind neben den automatischen Waffen auch heute noch Handrepetierer im Einsatz. Insbesondere dann, wenn Präzision eine große Rolle spielt, wie etwa bei Scharfschützenwaffen. Der automatische Nachladenvorgang verursacht nämlich Erschütterungen, die ein Präzisionsschütze nicht haben möchte. Und bei schallgedämpften Waffen stören die unvermeidbaren Geräusche der Mechanik, die viel lauter sind, als bei einem sanften Bewegen des Verschlusses von Hand.

Russell J. Turner entwickelte Anfang der 40er Jahre diesen Umbau des SMLE für die kanadische Armee. Die Waffe besitzt sogar ein mehrstufig verstellbares Gasentnahmeventil. Doch eingeführt wurde sie nicht.

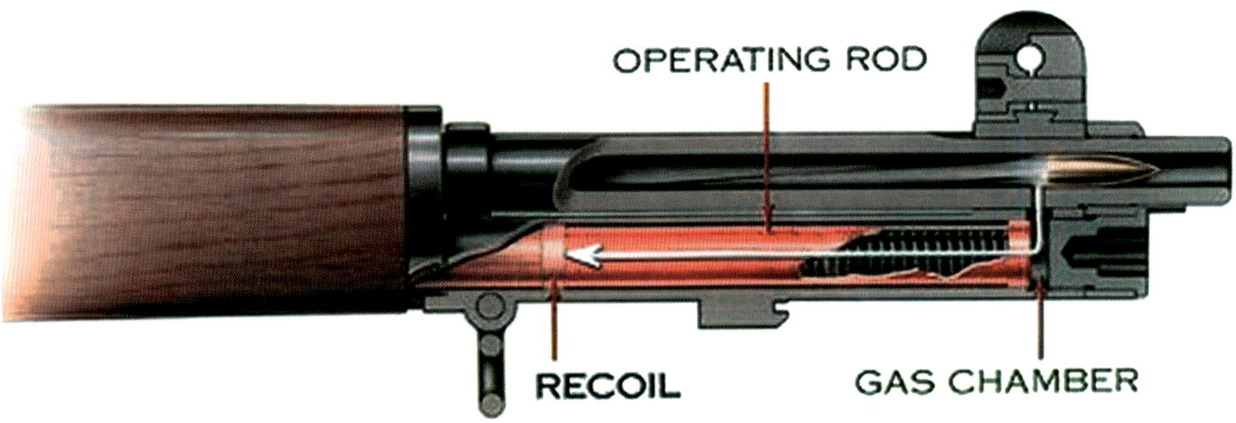

Diese Abbildung aus Schulungsunterlagen der U.S. Army zeigt die Gasentnahme aus dem von unten angebohrten Lauf des M1 Garand. Der Gasdruck treibt den Kolben (Operating Rod) an und versetzt somit indirekt den Verschluss in Bewegung.

Die Erfinder

Bis zu den präzisen und funktionssicheren Selbstladegewehren, wie wir sie heute kennen, war es ein langer Weg. Viele Erfinder versuchten sich an dieser Technik, mal mehr und mal weniger erfolgreich. Und so manchem von ihnen blieb ein Erfolg nur durch widrige Begleitumstände der jeweiligen Zeit verwehrt. Beispielhaft für alle soll hier das Wirken einiger der einflussreichsten Konstrukteure gewürdigt werden.

Manuel Mondragón entwickelte Waffen, schrieb militärische Bücher und mischte in der Politik Mexikos mit.

Manuel Mondragón (1859–1922)

Der Mexikaner Manuel Mondragón gilt als einer der Pioniere auf dem Gebiet der Selbstladegewehre. Während seiner ereignisreichen Karriere beim Militär befasste er sich hauptsächlich mit Artilleriebewaffnung, aber weltweit bekannt machte ihn sein Fusil Porfirio Díaz Sistema Mondragón Modelo 1908. Zur Welt kam Mondragón 1859 im Municipio Ixtlahuaca im mexikanischen Bundesstaat México. Nach der Schule besuchte er die Militärakademie in Chapultepec und verließ diese als Artillerieoffizier im Jahre 1880. Die Technik von Waffen hatte ihn schon immer sehr interessiert, und so entwarf er zusammen mit Émile Rimailho das 7,5-cm-Geschütz Modell Saint-Chamond-Mondragón. Hergestellt wurde es von der französischen Firma Compagnie des Forges et Aciéries de la Marine et d'Homécourt (FAMH) in Saint-Chamond. Außer in Mexiko wurde das Geschütz auch in anderen Ländern eingeführt und im Ersten Weltkrieg in Frankreich sogar in Panzer eingebaut. Nebenbei schrieb Mondragón militärische Anleitungen und Ausbildungsbücher und erhielt 1907 unter Präsident Porfirio Díaz den Posten des Chefs der Artillerieabteilung. Im Folgejahr führte die Armee sein Selbstladegewehr im Kaliber 7 x 57 mm Mauser ein und ließ es in der Schweiz bei SIG herstellen. Und

Manuel Mondragón und Félix Díaz beim Berechnen der Schusswinkel für die Artillerie beim Kampf um den Palacio Nacional im Februar 1913.

ganz nebenbei schrieb er auch noch ein bedeutendes Werk über Küstenverteidigung. Viele südamerikanische Verteidigungsanlagen basieren auf seinen Erkenntnissen. Auch politisch blieb Mondragón nicht untätig. Er unterstützte aktiv den Militärputsch im Februar 1913 zum Sturz des Präsidenten Francisco I. Madero und wurde anschließend unter dem neuen Machthaber José Victoriano Huerta als Dank zum Kriegsminister ernannt. Allerdings behielt er den Posten nur wenige Monate, bevor er unter dem Druck prominenter Politiker zurücktreten musste, die ihm Inkompetenz und schlechte Planung während der Revolution vorwarfen. Nach diesen Anschuldigungen ließ Huerta den General fallen und verbannte ihn aus Mexiko. Mondragón reiste nach Spanien. Für seine Verdienste erhielt er unter anderem die ranghöchste Auszeichnung Frankreichs, die Ehrenlegion, verliehen. General Manuel Mondragón starb 1922 in San Sebastián. Eines seiner acht Kinder war übrigens María del Carmen Mondragón Valseca, Aktmodell, Malerin und Dichterin, besser bekannt unter ihrem Künstlernahmen Nahui Olín.

Fjodor Wassiljewitsch Tokarew mit seiner bekanntesten Entwicklung, dem SVT-40.

Fjodor Wassiljewitsch Tokarew (14. Juni 1871 – 6. März 1968)

Zu Fjodor Tokarews (auch Tokarev geschrieben) bekanntesten Entwicklungen zählt neben den TT-Selbstladepistolen das halbautomatische Gewehr SVT-38 und dessen verbesserter Nachfolger SVT-40. Geboren wurde Tokarew 1871 in dem Kosakendorf Jegorlykskaja. Im Alter von elf Jahren fand er eine Lehrstelle beim lokalen Schmied und wechselte drei Jahre später zu einem Büchsenmacher. Die Arbeit gefiel ihm zwar, doch er strebte nach Größerem. Und so schrieb sich Tokarew auf der Militärakademie in Nowotscherkassk ein und begann dort 1888 eine Weiterbildung in Waffentechnik. Danach diente er als Waffenmeister in einem Kosaken-Regiment und bekam nach mehreren Jahren in der Armee 1907 in Oranienbaum bei Sankt Petersburg das Offizierspatent verliehen. Neben seiner Arbeit beschäftigte sich Tokarew intensiv mit eigenen Entwicklungen und Versuchen. Bereits 1910 stellte er einen Umbau des Repetiergewehrs Mosin-Nagant auf halbautomatische Funktionsweise vor. Das Mi-

Tokarew schrieb auch im hohen Alter noch waffentechnische Beiträge für Zeitungen. Er wurde 96 Jahre alt.

litär erkannte rasch die Vorzüge einer solchen Waffe und dank des nun geweckten Interesses arbeitete Tokarew die nächsten Jahre weiter an diesem Projekt. Mit Ausbruch des Ersten Weltkriegs, im Alter von 43 Jahren, wurde er zum stellvertretenden Direktor der Waffenfabrik in Sestrorezk am Finnischen Meerbusen ernannt. Der wohl wichtigste Schritt in seiner Karriere kam dann 1921: seine Versetzung an die Waffenfabrik in Tula. Das 1712 von Zar Peter dem Großen gegründete Werk gehörte zu den ältesten und renommiertesten Waffenherstellern Russlands und bot Tokarew völlig neue Möglichkeiten, um seine Ideen zu verwirklichen. Zuerst modifizierte er das schwere, wassergekühlte Maschinengewehr Maxim Modell 1910 zum leichten, luftgekühlten Modell 1925 MT (Maxim-Tokarew). Als nächstes folgte eine vollautomatische Maschinenpistole, die sich aber in der Endauswahl nicht gegen die Konkurrenz durchsetzen konnte. Dafür führte die Rote Armee 1930 seine 8-schüssige Selbstladepistole TT-30 (Tula-Tokarew) ein. Mit der leicht verbesserten Ausführung TT-33 blieb sie bis 1955 in Produktion, die erst nach 1,7 Millionen Stück endete. Sein halbautomatisches Gewehr hatte Tokarew zum damaligen Zeitpunkt noch immer nicht aus den Augen verloren. Und als Josef Stalin persönlich die Einführung einer solchen Waffe in der Armee forderte, stand Tokarew bereit. Sein Gewehr siegte im umfangreichen Auswahlverfahren und wurde als SVT-38 offiziell eingeführt. Fjodor Tokarew war damals bereits 67 Jahre alt. Die im Kampf gewonnenen Erfahrungen flossen wiederum in eine verbesserte Version ein, die als SVT-40 in die Produktion ging. Insgesamt liefen von allen SVT-Modellen bis Kriegsende 1,6 Millionen Stück von den Bändern. Noch während des Krieges wurde Tokarew der Titel als Doktor der technischen Wissenschaften verliehen sowie – als eine der höchsten Auszeichnungen des Landes – der Titel Held der sozialistischen Arbeit. Fjodor Tokarew blieb bis an sein Lebensende aktiv und schrieb waffentechnische Beiträge für Zeitschriften. Er starb am 7. Juni 1968, nur wenige Tage vor seinem 97. Geburtstag. Sein Sohn Nikolai (1899–1972) trat bereits früh in seines Vaters Fußstapfen und wurde ebenfalls Waffenkonstrukteur in Tula, wo er verschiedene Maschinengewehre und Flugabwehrwaffen baute.

Jean (John) Cantius Garand (1. Januar 1888 – 16. Februar 1974)

John Garand entwickelte nicht viele Waffen, aber eine, die seinen Namen in aller Welt bekannt machte: den M1 Garand. Zur Welt kam er 1888 auf einer Farm bei St. Rémi im kanadischen Quebec. Die Lebensverhältnisse waren ärmlich, und nach dem Tod seiner Mutter im Jahre 1899 zog der Vater mit den zwölf Kindern nach Connecticut in den USA. Jean Garand sprach damals nur Französisch und musste erstmal Englisch lernen, während er seinen Lebensunterhalt als Reinigungskraft in einer Textilfabrik verdiente. Als begnadeter Autodidakt eignete er sich im Arbeitsalltag so viel technisches Wissen an, dass er 1909 eine Anstellung bei einem Werkzeughersteller fand und sich nebenberuflich weiterbilden konnte. Und ganz nebenbei ging er noch regelmäßig seinem liebsten Hobby nach: dem Schießen. Im Jahre 1920 erhielt Jean Garand die amerikanische Staatsbürgerschaft und änderte seinen Vornamen in

Dem kanadischen Einwanderer John Garand verdanken die USA ihr wohl bekanntestes Gewehr des Zweiten Weltkriegs, den »M1 Garand«.

John. In seiner Freizeit bastelte er selbst konstruierte Schusswaffen. Als die U.S. Army im Frühjahr 1917 Vorschläge für ein neues leichtes Maschinengewehr sammelte, reichte auch John Garand einen Entwurf ein. Dieser wurde zwar nicht akzeptiert, aber er brachte Garand genug Aufmerksamkeit ein, um eine Beschäftigung beim United States Bureau of Standards in Washington angeboten zu bekommen. Dort sollte er seinen Entwurf verbessern. Nach dem Ersten Weltkrieg wechselte er im November 1919 als ziviler Angestellter zu Springfield Armory, wo er bis zu seiner Pensionierung blieb. In Springfield gelang ihm dann auch sein großer Wurf: Das von ihm entwickelte Selbstladegewehr wurde im August 1933 als »Semi-Automatic Rifle, Caliber 30, M1« bei den amerikanischen Streitkräften eingeführt. Weltweit bekannt ist es bis heute als »der Garand«. Trotz über 6 Millionen hergestellter Exemplare erhielt John Garand außer seinem normalen Angestelltenlohn von jährlich 5.400 US-Dollar keinerlei Lizenzgebühren. Als Patriot hatte er nämlich sämtliche Rechte an seinen Patenten der Regierung übertragen. Im August 1941 beriet der amerikanische Kongress über eine einmalige Sonderzuwendung über 100 000 US-Dollar, aber der Vorschlag erhielt nicht genügend Stimmen. Im Lauf der Zeit bekam John Garand mehrere Auszeichnungen verliehen und er wurde 1973 in die U.S. Army Ordnance Corps Hall of Fame aufgenommen. Bei seiner Verabschiedung in den Ruhestand am 30. April 1953 überreichte man ihm den M1 mit der Seriennummer 1 000 000. John Garand starb am 16. Februar 1974 in Springfield.

John Douglas Pedersen (21. Mai 1881 – 23. Mai 1951)

Kein Geringerer als John M. Browning nannte ihn einmal den größten lebenden Waffenkonstukteur der Welt. Welch eine Ehre. Und in der Tat brachte es John D. Pedersen bis zu seinem Tod auf immerhin 69 Patente. Geboren wurde er als drittes von vier Kindern dänischer Einwanderer und verbrachte seine Kindheit auf deren Farm in Wyoming. Dank seines Interesses für Waffen und seiner technischen Begabung führte der berufliche Weg in die Waffenbranche. Schnell erarbeitete er sich eine guten Ruf mit der Entwicklung von Sport- und Jagdwaffen, unter anderem in Zusammenarbeit mit John Browning. Doch wenn es um Militärwaffen ging, blieb er zeitlebens glücklos. Seine Selbstladepistole Model 53 im Kaliber .45 ACP aus der Zeit des Ersten Weltkriegs war dem Colt 1911 überlegen, aber das Militär wollte mitten im Krieg keine zweite Pistole einführen. Sein im großen Stil produzierter Umbausatz »Pedersen Device« für das Springfield-Gewehr kam zu spät und erlebte keinen Fronteinsatz mehr. Und sein Selbstladegewehr für die ebenfalls von ihm entwickelte Patrone .276 Pedersen 7 x 51 mm konnte sich nicht gegen den Garand durchsetzen. John D. Pedersen war viel unterwegs, und so starb er dann auch im Mai 1951 im Alter von 70 Jahren auf einer geschäftlichen Reise.

John Pedersen mit seinem »Pedersen-Device« zur Verwandlung des Repetiergewehrs M1903 in einen Halbautomaten.

Das Zubehör

Das Zubehör für Selbstladegewehre unterscheidet sich nur unwesentlich vom dem der Repetiergewehre. Meistens konnten schon die eingeführten Vorratstaschen für Patronen, Ladestreifen und Laderahmen weiterverwendet werden, denn den Vorteil von Wechselmagazinen hatte man bei den meisten Selbstladegewehren bis Ende des Zweiten Weltkriegs noch nicht erkannt. Auch die Reinigungsutensilien und das Werkzeug mussten nur geringfügig an den neuen Typ von Waffe angepasst werden.

Wie bei allen Waffen macht auch bei Selbstladern nur Übung den Meister. Allerdings lassen sich mit ihnen die üblichen Platzpatronen nicht ohne weiteres verschießen. Für den automatischen Ladevorgang ist ein bestimmter Gasdruck notwendig, der sich bei Gefechtspatronen hinter dem sich durch den Lauf bewegenden Geschoss aufbaut. Bei einer Platzpatrone ohne Geschoss entweicht der Druck einfach durch die Mündung, ohne in den Gaskanal zu strömen. Dies lässt sich durch Anbringen eines Platzpatronengeräts (auch

Drei Trommelmagazine für das Selbstladegewehr Farquhar-Hill in ihrer ledernen Tragevorrichtung.

Bodenfund eines seltenen Platzpatronengeräts für das Gewehr 41(W). Nur damit funktionierte die Waffe halbautomatisch.

Mit dem deutschen Gewehr 43 wurden Taschen für zwei Magazine ausgegeben. Kriegsbedingt war Leder Mangelware und so kam viel Ersatzmaterial zur Verwendung.

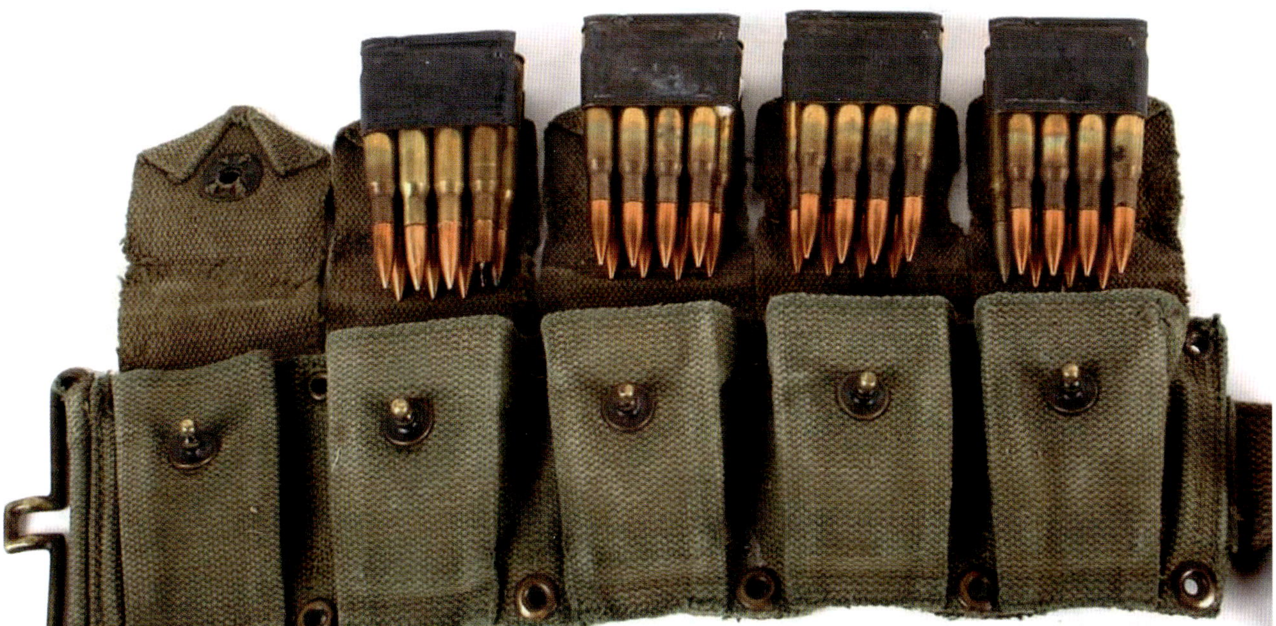

Die gefüllten Acht-Schuss-Laderahmen für den M1 Garand ließen sich in solchen »Cartridge Belts« verstauen.

Auch mit dem Gewehr 43 war das Verschießen von Gewehrgranaten möglich. Ein spezielles Visier wurde allerdings nicht ausgegeben; der Schütze hatte nach Gefühl zu zielen.

Das Heereswaffenamt ließ Versuche mit Schalldämpfern durchführen. Nur wenige Versuchsstücke haben bis heute überlebt, so wie dieser hier auf einem Gewehr 43.

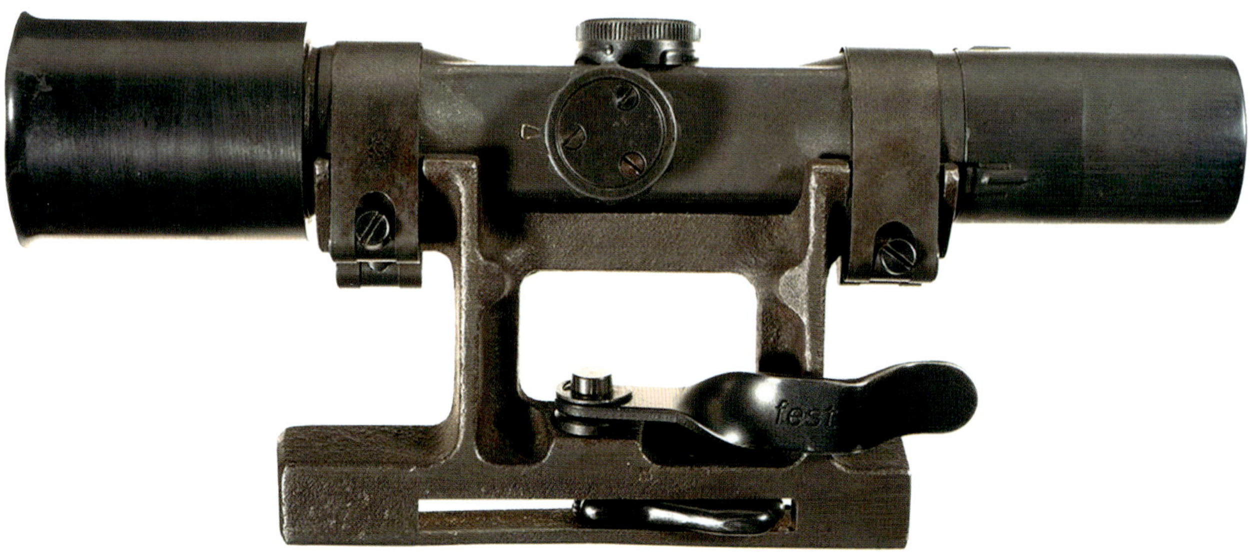

Selbstladegewehre eignen sich nur bedingt als Scharfschützenwaffen, denn der automatische Ladevorgang verursacht Erschütterungen. Das Gewehr 43 besaß serienmäßig eine Schiene zur Montage des ZF 4.

Eine wiederbelebte Idee aus den Schützengräben des Ersten Weltkriegs: das Deckungszielgerät, hier mit einem eingespannten Gewehr 43. Danke verstellbarer Halterungen konnte es bei Bedarf auch mit dem russischen SVT-40 verwendet werden.

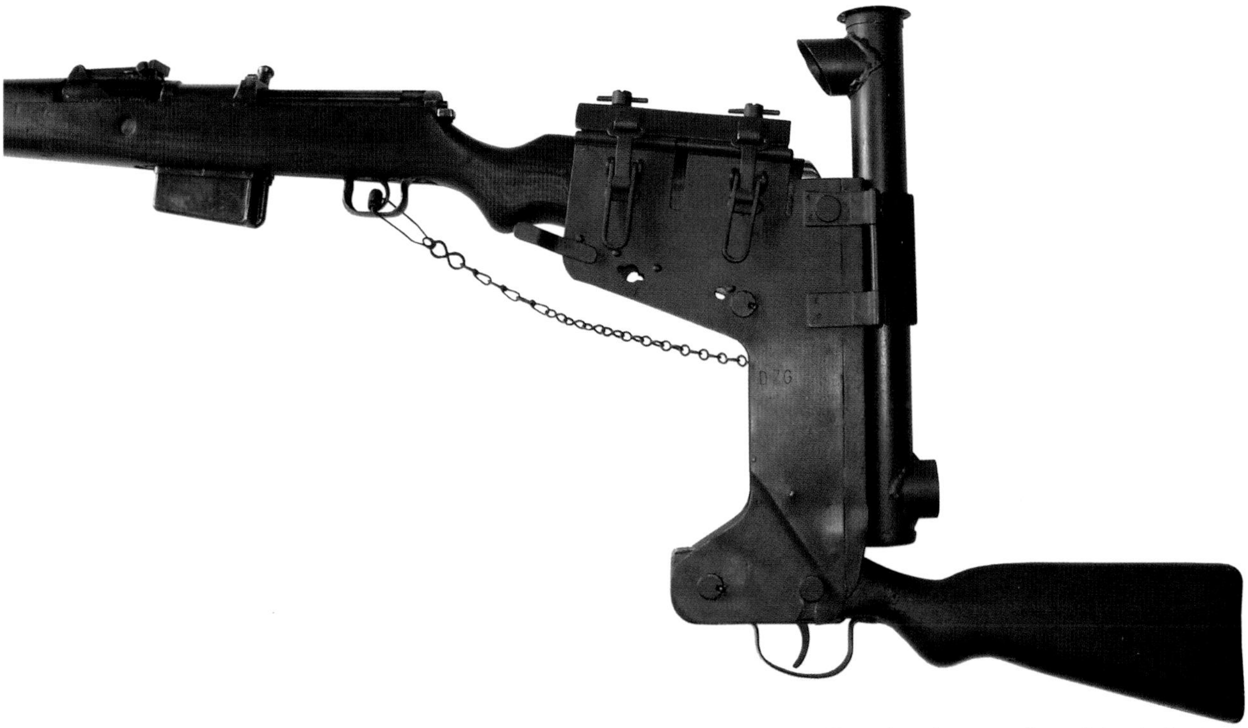

Der Abzug des Deckungszielgeräts (DZG) ist über eine Kette mit dem Abzug der Waffe verbunden. Gezielt wird durch das Periskop über Kimme und Korn.

Manöverpatronengerät genannt) verhindern. Es verengt die Mündung derart, dass nur wenig Gasdruck entweicht.

Im Zweiten Weltkrieg setzten fast alle beteiligten Nationen Gewehrgranaten ein und übernahmen dies dann auch für ihre Selbstladegewehre. Während die Deutschen ihr becherförmiges Gewehrgranatgerät bevorzugten, nahmen beispielsweise die Amerikaner eine Art Laufverlängerung, auf die die Granate aufgesteckt wurde. An manchen Waffen ist die Abschussvorrichtung mitsamt Granatvisier schon serienmäßig integriert, wie etwa beim französischen MAS 49.

Als Scharfschützenwaffen können die Selbstlader den Repetiergewehren nur selten gleichkommen. Die Erschütterungen durch die sich automatisch bewegenden Teile stören zweifelsohne die Präzision. Dennoch wurden und werden auch solche Waffen mit Zielfernrohren bestückt eingesetzt. Das deutsche Gewehr 43 besaß sogar serienmäßig eine im Gehäuse integrierte Prismenschiene.

Um sich dem Blick der feindlichen Scharfschützen zu entziehen, erinnerte man sich bei der Wehrmacht an eine Zielvorrichtung aus dem vorherigen Krieg: den Spiegelkolben. Mit seiner Hilfe war es dem Schützen möglich, über Kimme und Korn zu zielen, ohne mit dem Kopf die sichere Deckung zu verlassen. Ende 1942 wurde das Deckungszielgerät, kurz »DZG«, entwickelt und eingeführt »zum Schießen mit Gewehr 41, Selbstladegewehr 259(r) und den Gewehren, die die Kolbenform der Schusswaffen 98 besitzen, aus der Deckung«. Mit dem Selbstladegewehr 259(r) ist der russische SVT-40 gemeint. Da eine Hebel-Vorrichtung zum Repetieren aus der Deckung nicht vorhanden ist, war das Gerät nur mit Selbstladegewehren sinnvoll einsetzbar, da der Schütze ansonsten nach jedem Schuss das Gestell in die Stellung einziehen bzw. über den Grabenrand zum Kammerstängel hätte greifen müssen.

Dieser Schnitt durch den Holzschaft eines M1 Garands zeigt die platzsparende Unterbringung des Putzzeugs hinter der Schaftkappe.

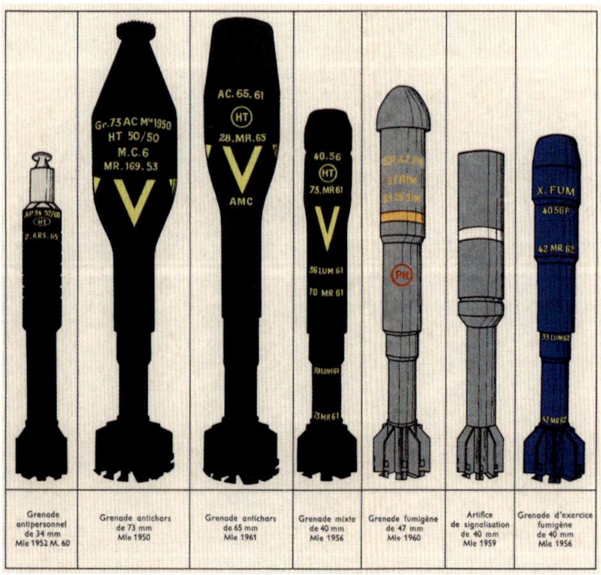

Übersicht über die wichtigsten französischen Gewehrgranaten.

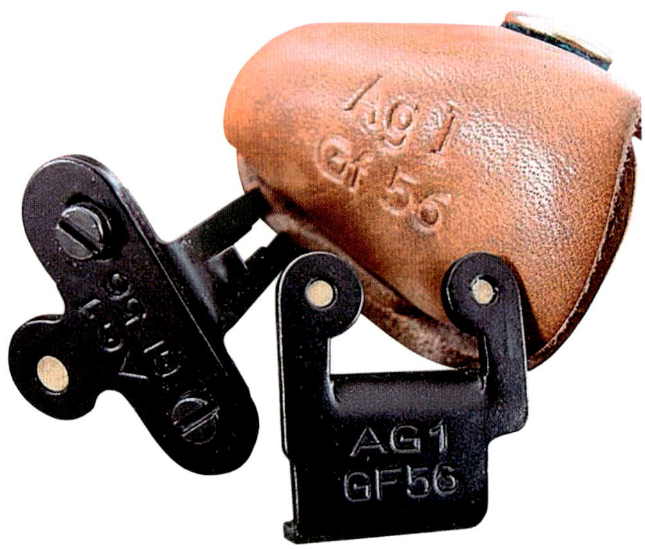

Aufsteckbare Nachtzielhilfen mit fluoreszierenden Farbpunkten für den Ag m/42B helfen beim Zielen in der Dunkelheit.

November 1943

Deckblatt Nr. 1 zur D 191/1

Gewehr 41

Beschreibung, Handhabung und Behandlung
vom 16. 2. 43

---

1 zu Seite 3 (Inhalt) und Anhang 2

Seite 3 (Inhalt) unter Anhang 1 füge handschriftlich hinzu:

Anhang 2 Winterabzug G 41 25

und klebe hinter S. 24 nachfolgenden Anhang 2 ein:

— 25 —

Anhang 2

Winterabzug G 41

Verwendung: Der Winterabzug G 41 wird am Gewehr 41 angebracht.

Zweck: Der Winterabzug G 41 ermöglicht das Abziehen des gespannten Schlosses mit Faust- oder Fingerhandschuh.

Einzelteile: siehe Bild.

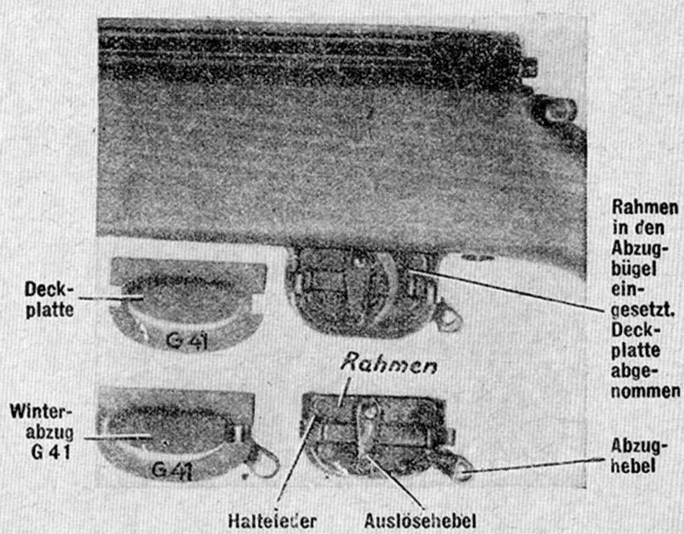

Anbringen des Winterabzuges: Rahmen ohne Werkzeug von rechts nach links in den Abzugbügel der Waffe einsetzen. Deckplatte von links aufsetzen, so daß sie von der Haltefeder festgehalten wird. Sollte es vorkommen, daß die Deckplatte sich nicht aufsetzen läßt, weil die Haltefeder von einem zu eng geratenen Abzugbügel zusammengedrückt wird, so sind die Aussparungen an der Deckplatte mit Feile entsprechend nachzuarbeiten.

Abziehen: Kolbenhals fast unverändert wie bisher umfassen und betätigen des Abzugshebels des Winterabzuges.

Abnehmen des Winterabzuges: Deckplatte abnehmen und durch Zusammendrücken der Haltefederenden den Rahmen nach rechts aus dem Abzugbügel herausnehmen.

Instandsetzung: Bei Bruch der Haltefeder: die alte entfernen, die neue in der Mitte teilen, seitlich in den Einschub des Rahmens einführen und durch Körnerschläge gegen Herausfallen sichern.

Deckblatt 1

S
C/1550

Deutschland

Mauser Selbstlader

Auch im Deutschen Reich wurde bereits vor dem Ersten Weltkrieg mit Selbstladegewehren experimentiert. Den meisten damaligen Entwicklungen war kein Erfolg vergönnt; sie krankten fast alle an einer komplizierten und unzuverlässigen Mechanik. Nur wenige sind heute überhaupt noch bekannt. Eine der ersten wirklich zukunftsweisenden Konstruktionen legte Paul Mauser 1898 vor. Sein Modell C 98 war ein Rückstoßlader mit kurzem Rohrrücklauf, integriertem Kastenmagazin und einer Verschlussverriegelung durch zwei Stützklappen. Prinzipiell funktionierte die Waffe zufriedenstellend, doch die Patronen mussten vor der Verwendung gefettet werden. Und das geht natürlich unter Feldbedingungen nicht ohne Probleme, denn fettige Patronen ziehen Staub und Schmutz geradezu magisch an. Mauser entwickelte deshalb im Jahr 1900 ein verbessertes Modell mit langem Rohrrücklauf, das mit ungefetteten Patronen auskam. Statt des Stützklappenverschlusses erhielten die Waffen einen Drehkopfverschluss. Erprobt wurden zwei Varianten, einmal mit Verriegelungswarzen am Verschlusskopf und einmal am Verschlussende. Trotz guter Schussleistung konnte sich das Militär nicht dafür begeistern. Das Modell besaß zu viele Einzelteile und war aufwendig und teuer in der Herstellung.

Paul Mauser verlor 1901 bei einem missglückten Probeschießen eines Selbstladegewehrs sein linkes Auge.

Bei einem Versuchsschießen mit seinem Modell C 98 kam es 1901 zu einer Frühzündung der Patrone, noch bevor der Verschluss endgültig geschlossen war. Der Schütze, Paul Mauser selbst,

Die berühmte Waffenfabrik Mauser in Oberndorf am Neckar.

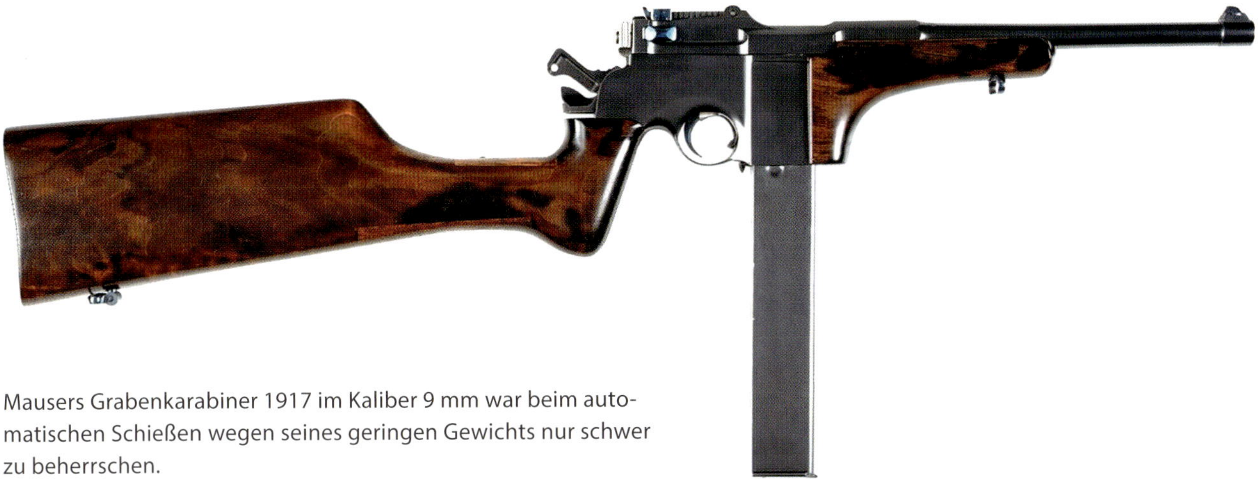

Mausers Grabenkarabiner 1917 im Kaliber 9 mm war beim automatischen Schießen wegen seines geringen Gewichts nur schwer zu beherrschen.

Ein Mauser-Selbstladegewehr aus dem Jahr 1913 mit Seriennummer 156.

Blick auf die massive Mechanik des Selbstladegewehrs von 1913.

Der Mauser Selbstlade-Karabiner 1916 funktionierte nur mit gefetteten Patronen und fand Verwendung bei der Fliegertruppe.

Herstellername und Bezug auf ein Patent von 1916 auf der linken Gehäuseseite.

Der Magazinwechsel gestaltete sich umständlich, denn erst musste der Abzugsbügel entriegelt und abgeklappt werden.

wurde dabei schwer verletzt. Er brach sich einen Finger und verlor sein linkes Auge.

Ungebremst in seinem Tatendrang arbeitete Paul Mauser nach seiner Genesung weiter, und bis 1909 entstand ein Rückstoßlader mit starrem Lauf und einer Verriegelung durch zwei Stützhebel hinter dem Verschlussblock, deren Stellung vom Trägheitsmoment eines Schiebers auf dem Verschlussdeckel gesteuert wird. Trotz allem zeigte sich der Konstrukteur nicht zufrieden und versuchte sich wieder an Waffen für gefettete Patronen. Das Hauptproblem seiner Rückstoßlader war nämlich der hohe Gasdruck der starken Standard-Gewehrpatrone S im Kaliber 7,92 x 57 mm, der die Hülse an die Wand des Patronenlagers presste und große Reibungskräfte beim Ausziehen verursachte. Das Fett half zwar gut, war aber eben ein Schmutzmagnet.

Der deutsche Generalstab war zu dieser Zeit sehr an einem automatischen Gewehr interessiert. Man befürchtete, gegenüber ausländischen Entwicklungen ins Hintertreffen zu geraten. In einem Schreiben vom November 1910 äußerte sich Generaloberst von Moltke erfreut über die Arbeiten auf diesem Gebiet. Interessant ist dabei sein Vorschlag, durch eine Verminderung des Gewichts der Patrone die Munitionsausstattung des Schützen zu erhöhen. Der Vorteil eines Selbstladegewehrs im Infanteriegefecht sei nicht, mehr zu schießen, sondern der Wegfall der manuellen La-

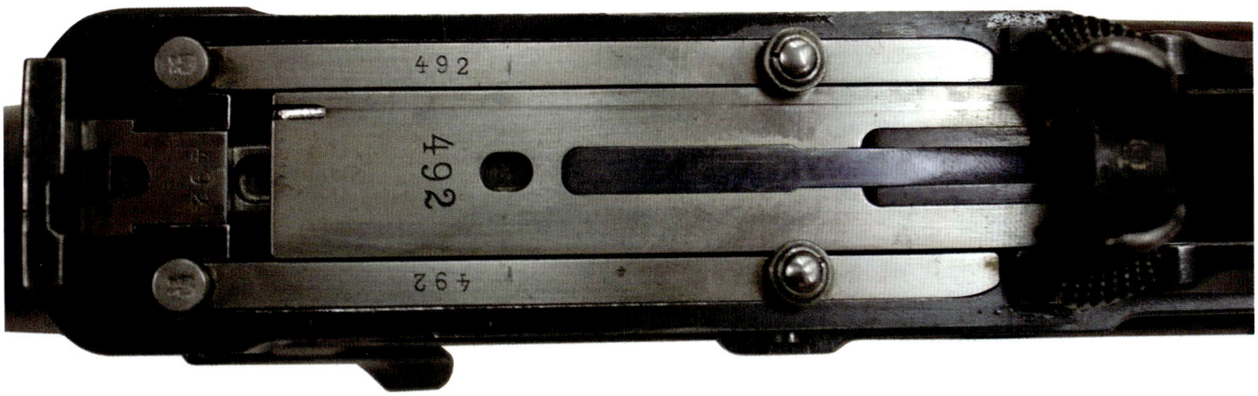

Der Verschluss (mittig) befindet sich in seiner hinteren Stellung, rechts und links daneben die beiden Stützklappen mit ihren Führungsrollen. [Ian McCollum / Forgotten Weapons]

In diese Ausnehmungen im Gehäusedeckel greifen die Führungsrollen der Stützklappen und werden so beim Schießvorgang gesteuert. [Ian McCollum / Forgotten Weapons]

debewegung nach jedem Schuss und der verminderte Rückstoß. Man sieht, dass der Generalstab schon damals die Verwendung einer schwächeren Munition für Selbstladegewehre in Betracht zog.

Doch die Zeit verstrich und bei Ausbruch des Krieges besaß die deutsche Armee noch immer kein Selbstladegewehr. Weder für die Standard-Gewehrpatrone, noch für eine schwächere Patrone. Vor allem die Luftwaffe benötigte dringend eine schneller schießende Waffe als das Repetiergewehr 98. In der Not suchte man deshalb unter den bisherigen Entwicklungen eine Übergangslösung, bis die technischen Probleme beim Einbau von Maschinengewehren gelöst wären. Die Wahl fiel auf eine überarbeitete Ausführung von Paul Mausers Modell aus dem Jahre 1909, einen Rückstoßlader mit starrem Lauf und eingerichtet für die problematischen gefetteten Patronen. Es folgte eine Bestellung über 1000 Stück des Mauser Selbstlade-Karabiners Modell 1916 unter der Bezeichnung »Selbstlader für die Flieger-, Ballon- und Zeppelintruppe« zur Deckung des Anfangsbedarfs. Mit seinem 25-Schuss-Magazin verfügte der Schütze über eine für die damalige Zeit beachtliche Feuerkraft. Gerade bei sich schnell bewegenden Flugzeugen war es wichtig, möglichst viele Schüsse in kurzer Zeit abgeben zu können, um die Trefferwahrscheinlichkeit zu erhöhen.

Die knapp 5 Kilo Gewicht des geladenen Karabiners störten im Flugzeug nicht. Auch der etwas komplizierte Vorgang des Magazinwechsels war in der Luft denkbar einfacher durchzuführen als im Erdkampf: Das Magazin wird mit einem Drücker vorne im Abzugsbügel gelöst. Dabei schwenkt das Abzugsblech mitsamt Abzugsbügel nach unten und das Magazin kann entnommen werden. Nun wird der Verschlussschieber nach vorne gedrückt und mitsamt Verschlussblock wieder zurückgezogen. Das gefüllte Magazin wird eingeführt und das Abzugsblech mit Abzugsbügel wieder hochgedrückt bis es einrastet. Dabei löst sich der Verschlussblock, läuft nach vorne und schiebt dabei die oberste Patrone ins Patronenlager. Die Waffe ist nun feuerbereit.

Für schlammige Schützengräben waren diese Waffen völlig ungeeignet. Mauser produzierte technische Kunstwerke mit aufwendigen Fräsarbeiten und minimalen Toleranzen. Dies erhöhte nicht nur den Stückpreis, sondern auch den Aufwand zur Instandhaltung. Nur bei peinlichster Sauberkeit und mit viel Fett funktionierten die Waffen zuverlässig. In der Gebrauchsanleitung heißt es dazu: »Das Patronenlager und die Verschluss-Anlageflächen müssen mit beigegebenem Fette stets eingefettet werden. Ebenso ist es eine absolute Notwendigkeit, dass die Patronenhülsen in ihrem ganzen Umfang leicht eingefettet sind«. Dazu kam ein sehr unangenehmes Schussverhalten durch den starken Rückstoß, der sich dank des unbeweglichen Laufs und mangels anderer puffernder Elemente direkt auf die Schulter des Schützen übertrug. Nicht ohne Grund erhielt der Karabiner die wenig schmeichelhafte Bezeichnung »Kriegsverwendungsfähige Notbehelfswaffe«.

Zur Verstärkung kaufte das Deutsche Reich noch etwa 1000 Stück des in der Schweiz bei SIG gefertigten und unverkauft eingelagerten Selbstladers von Mondragón und führte ihn im Dezember 1915 als Flieger-Selbstlade-Karabiner 15 ein. Doch dieses Modell war sogar noch viel anfälliger für Hemmungen, und zudem ließ die Präzision sehr zu wünschen übrig. Eine verbesserte Ausstattung der Luftfahrzeuge mit leichten Maschinengewehren führte allmählich wieder zur Aussonderung der Selbstladegewehre- und karabiner.

Bei all dem Aufwand ging die Infanterie bislang leer aus. Alle Selbstladekonstruktionen erwiesen sich als unbrauchbar für den Bodenkampf. Angesichts dieser Umstände versuchte sich Oberstleutnant Merkatz vom Kriegsministerium am Umbau von Mauser- und Luger-Selbstladepistolen. Mit Schulterstütze, längerem Lauf, größerem Magazin und einer Feuerwahlvorrichtung für Einzel- und Dauerfeuer entstanden zwar feuerstarke Waffen, doch mit ihrem geringen Gewicht konnte sie der Schütze bei Feuerstößen kaum im Ziel halten. Letztendlich führte dieser Weg dann zur Maschinenpistole.

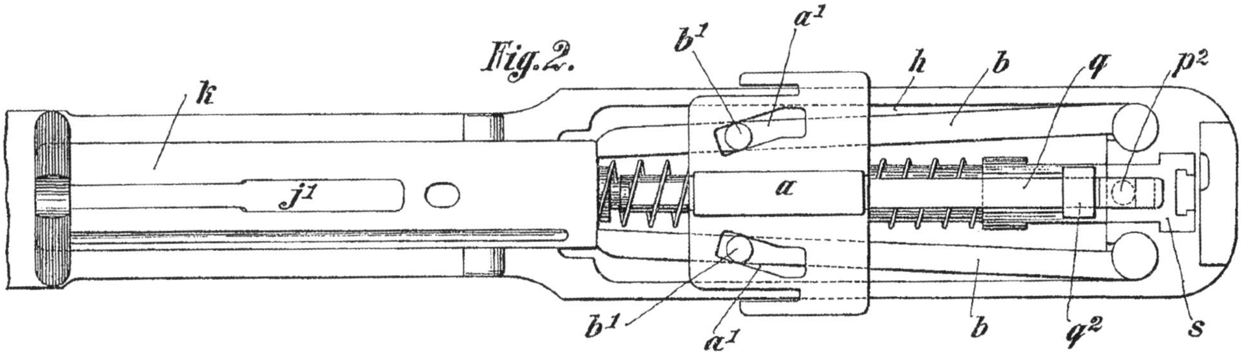

Diese Zeichnung aus Mausers Patent 987 584 vom März 1911 zeigt die Steuerung der Stützklappen.

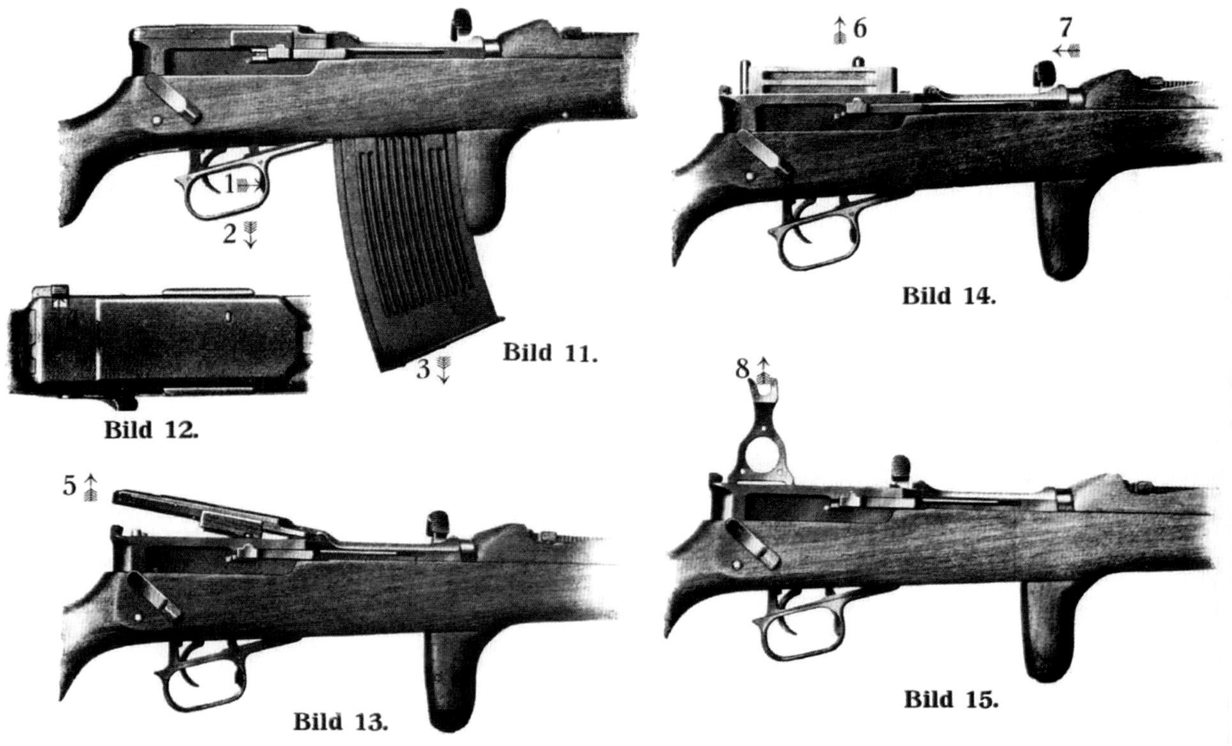

Abbildungen zum Zerlegen der Waffe aus dem Handbuch »Mauser Selbstlader«. Der Verschluss lässt sich nur mit einem Spezialwerkzeug entnehmen (Bild 15).

Technische Daten Mauser Selbstlade-Karabiner M 1916:	
Hersteller:	Mauser, Oberndorf
Produktionszeit:	1916
Kaliber:	7,92 x 57 mm
Länge:	1140 mm
Lauflänge:	610 mm
Gewicht (ungeladen):	4,3 kg
Magazinkapazität:	25 Patronen

Gewehr 41(M)

Nach dem verlorenen Weltkrieg musste das Deutsche Reich die Alleinschuld am Krieg anerkennen, seine Kolonien abtreten und sich zur Zahlung enormer Reparationszahlungen verpflichten. Die einst mächtige deutsche Rüstungsindustrie lag am Boden. Gemäß dem Friedensvertrag von Versailles und nachfolgenden Gesetzen durfte die Fertigung von Kriegsgerät aller Art nur noch in Fabriken stattfinden, die von den Alliierten ausgewählt wurden. Die erste Liste vom Mai 1921 umfasste gerade einmal 13 Firmen für Heeresmaterial. An eine umfangreiche Rüstungsproduktion oder gar waffentechnische Weiterentwicklungen war unter diesen Umständen vorerst nicht zu denken. Auf dem Fertigungsprogramm der abgelehnten Hersteller standen von nun an zivile Gebrauchsgegenstände.

Trotz aller Schwierigkeiten versuchte die Reichswehr, sich nicht ganz von der internationalen Waffenentwicklung abhängen zu lassen. Im Geheimen, teilweise über Auslandsniederlassungen deutscher Firmen, gingen auch die Arbeiten an Selbstladegewehren weiter. Etwa 1930 legten Rheinmetall (Rückstoßlader mit Kniegelenkverschluss) und Vollmer (Gasdrucklader mit Staudüse an Laufmündung) ihre Prototypen vor. Die militärischen Mühlen mahlten sehr langsam, und als Mauser fünf Jahre später sein halbautomatisches Gewehr G 35 vorstellte, hatte das Heereswaffenamt noch immer keinen Anforderungskatalog für ein künftiges Selbstladegewehr zusammengestellt. Erst nach Kriegsbeginn 1940 forderte das Amt die Firmen Mauser und Walther konkret auf, einen Gasdrucklader für die Standardpatrone 7,92 x 57 mm zu entwickeln. Zur Unterscheidung erhielten beide Waffen einen Zusatz in der Bezeichnung: Gewehr 41(M) für Mauser und 41(W) für Walther.

Die aufgestellten Forderungen zeigen allerdings deutlich, wie sehr das Heereswaffenamt damals noch in der Vergangenheit lebte, denn einige wirklichkeitsfremde Einschränkungen verhinderten die

Mauser hatte sich bei der Entwicklung des Gewehrs 41 genau an die Vorgaben des Heereswaffenamts gehalten. Hinten ist der Kammerstängel der zusätzlichen Repetiervorrichtung erkennbar.

Nach dem letzten Schuss bleibt beim Gewehr 41(M) der Verschluss offen. Da das Magazin fest an der Waffe verbaut ist, musste es der Schütze von oben aus Ladestreifen befüllen.

Blick auf die komplizierte Mechanik des G41(M). Um alle beweglichen Teile abzudecken, ist darüber noch ein aufklappbarer Schutzdeckel angebracht.

Mehrere leichte Ladungsträger »Goliath« werden einsatzbereit gemacht. Der Soldat im Vordergrund hat ein G41(M) umgehängt.

Auch dieser Soldat ist bei Arbeiten am »Goliath« mit einem G41(M) bewaffnet.

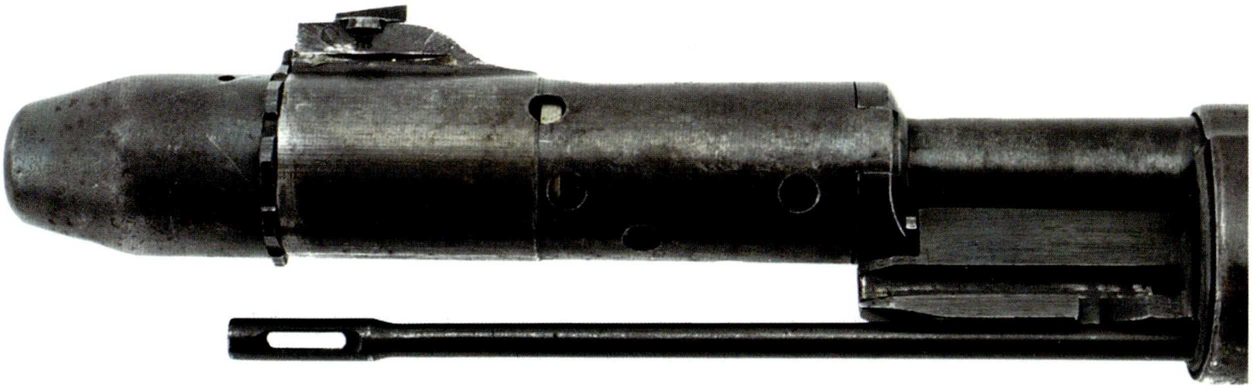

Die Staudüse für die automatische Funktion macht die Waffe sehr vorderlastig und unnötig aufwendig in der Herstellung und Wartung.

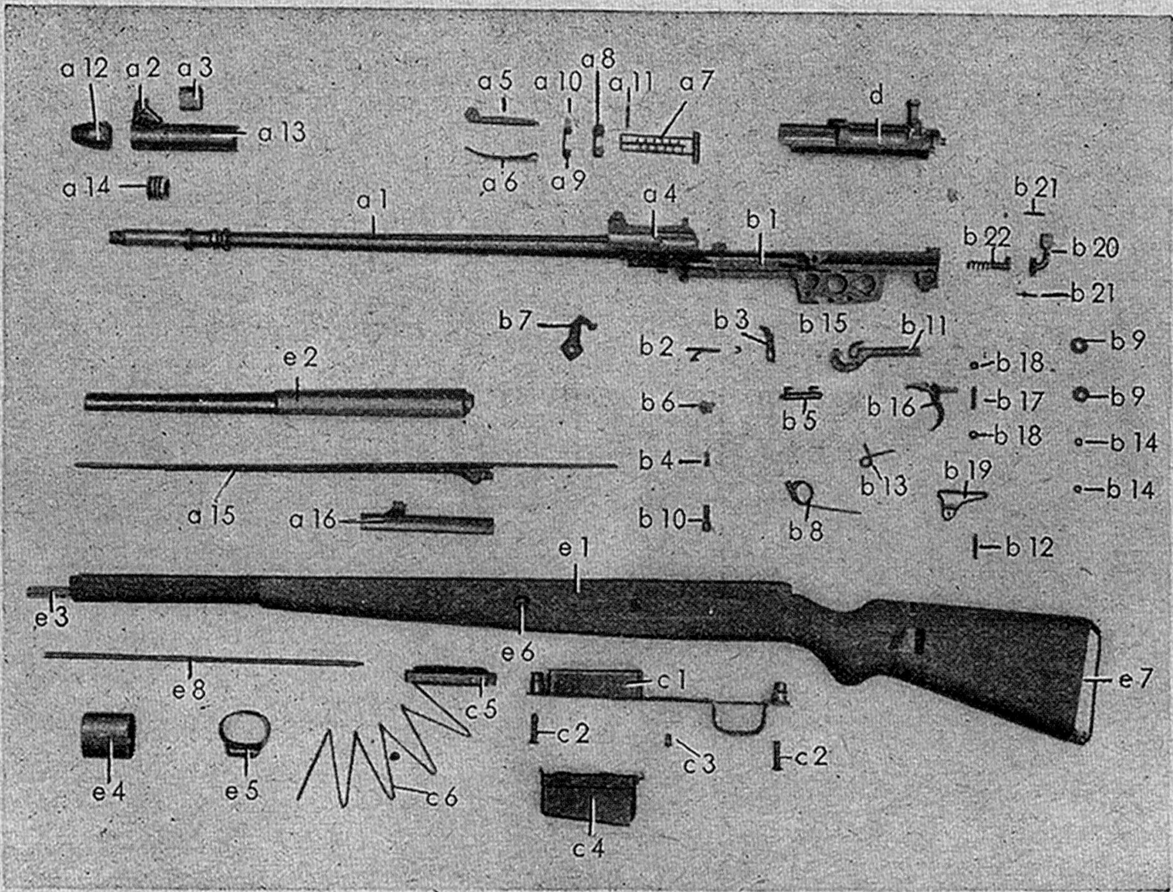

Gewehr 41, auseinandergenommen

- a 1 Lauf
- a 2 Korn
- a 3 Kornschutz
- a 4 Visierfuß
- a 5 Kurvenstück
- a 6 Visierfeder
- a 7 Visierklappe
- a 8 Visierschieber
- a 9 Drücker
- a 10 Drückerfeder
- a 11 Nietstift
- a 12 Gasdüse
- a 13 Kornhalter
- a 14 Kolben
- a 15 Stoßstange
- a 16 Vorholer
- b 1 Hülse
- b 2 Schloßfang
- b 3 Auswerfer
- b 4 Bolzen

- b 5 Federhülse
- b 6 Gegenlager
- b 7 Hahn
- b 8 Schlagfeder
- b 9 Abstandsringe
- b 10 Zylinderstift zumHahn
- b 11 Abzugstollen
- b 12 Zylinderstift zum Abzugstollen
- b 13 Abzugfeder
- b 14 Abstandsringe
- b 15 Klinke
- b 16 Abzug
- b 17 Zylinderstift zum Abzug
- b 18 Abstandsringe (nur bis Fertigungs-Nr. 8000)
- b 19 Sperrhebel (ab Fertigungs-Nr. 8001)
- b 20 Sicherung

- b 21 Zylinderstift
- b 22 Rastbolzen mit Schraubenfeder
- c 1 Kasten
- c 2 Verbindungsschrauben, vordere und hintere
- c 3 Verbindungsschraube, mittlere
- c 4 Magazinboden
- c 5 Zubringer
- c 6 Zubringerfeder
- d Schloß
- e 1 Schaft
- e 2 Handschutz
- e 3 Seitengewehrhalter
- e 4 Oberring
- e 5 Unterring
- e 6 Zapfenlager mit Mutter
- e 7 Kolbenkappe
- e 8 Stock

Abbildung aller Einzelteile in der Dienstvorschrift 191/1 vom 16. Februar 1943.

Entstehung einer wirklich fortschrittlichen Waffe:

- Zur Gasentnahme darf der Lauf nicht angebohrt werden.
- An der Oberfläche des Verschlussgehäuses darf bei den automatischen Ladebewegungen kein Teil mitlaufen.
- Bei Versagen der Automatik darf der Gebrauch der Waffe nicht in Frage gestellt sein. Das Gewehr muss für diesen Ausnahmefall mit einer Repetiereinrichtung ähnlich der des Modells 98 ausgerüstet sein.

Die Mauser-Konstrukteure hielten sich akribisch an die Vorgaben. Weil der Lauf nicht angebohrt werden durfte, bekam die neue Waffe eine Staudüse mit röhrenförmiger Verlängerung auf die Mündung aufgesetzt. Darin staut sich beim Passieren des Geschosses der Gasdruck und treibt eine auf den Lauf aufgeschobene Stahlhülse innerhalb der Verlängerungsröhre zurück. Sie gleitet auf dem Lauf und stößt dabei eine Schubstange zurück, die unter dem Lauf liegt und bis ins Verschlussgehäuse reicht, wo sie dann direkt auf den Verschlussträger wirkt. Ein solches System ist allerdings anfällig gegenüber Verschmutzung, da die bewegliche Hülse sowohl innen gegen den Lauf als auch außen gegen die Röhre Gleitflächen aufweist.

Um die Forderung des Heereswaffenamts zu erfüllen entwickelte Mauser eine aufwendige Verschlussvorrichtung: Der Verschluss verriegelt durch Drehung mit zwei Warzen im Patronenlager. Ist der Kammerstängel in der Stellung rechts, kann halbautomatisch geschossen werden. Im Falle einer Störung kann der Kammerstängel um 90° nach oben geschwenkt werden. Dabei wird der Verschluss vom Gassystem getrennt und lässt sich manuell repetieren. Auf der linken Seite des Verschlussträgers ist der Spannhebel angebracht. Repetiert die Waffe nicht selbsttätig, kann der Schütze mit dem Spannhebel in der Art eines Geradzugrepetierers nachladen.

Auf den ersten Blick gleicht das Gewehr 41(M) sehr dem Karabiner 98k. Einige Teile sind auch austauschbar. Außer der unförmigen Staudüse verfügt die Waffe noch über ein fest eingebautes Magazin für zehn Patronen zum Laden per Ladestreifen von oben. Ein praktisches Wechselmagazin war nicht vorgesehen. Zum Zerlegen lässt sich ein Deckel auf dem Gehäuse hochklappen und gewährt Zugriff auf die Innenteile.

Mauser stellte nur 6673 Stück her, bevor die Fertigung gestoppt wurde. Die Waffe von Walther erwies sich als besser.

Stempelung auf der Hülse eines G41(M) von 1942. Oben ist der Waffenamt-Abnahmestempel 135 erkennbar.

Technische Daten Gewehr 41(M):	
Hersteller:	Mauser, Oberndorf
Produktionszeit:	1941–1942
Kaliber:	7,92 x 57 mm
Länge:	1125 mm
Lauflänge:	550 mm
Gewicht (ungeladen):	4,9 kg
Magazinkapazität:	10 Patronen

Gewehr 41(W)

Etwas anders als bei Mauser lief es bei der Konkurrenz. Auch die Firma Carl Walther in Zella-Mehlis entwickelte, wie vom Heereswaffenamt gefordert, ein Selbstladegewehr. Doch die Konstrukteure setzten sich für ihr Gewehr 41(W) über einige Vorgaben hinweg. Sie wagten es zwar (noch) nicht, den Lauf zur Gasentnahme anzubohren, und verpassten der Waffe deshalb ebenfalls eine unförmige Staudüse. Aber dafür verzichteten sie komplett auf die manuelle Repetiervorrichtung. Ebenso läuft bei der Walther-Waffe der massive Verschlussträger bei jedem Schuss zurück und wieder vor, obwohl sich ja an der Oberfläche des Gehäuses keine Teile hätten mitbewegen dürfen. Die Waffe hätte somit eigentlich vom Heereswaffenamt von vornherein abgelehnt werden müssen. Doch es siegte damals die Vernunft und so kamen beide Modelle ins Auswahlverfahren.

Das Gewehr 41(W) besitzt einen sogenannten Stützklappenverschluss, das bedeutet, zur Verriegelung während der Schussabgabe schwenken beidseitig Stützen aus dem Verschluss heraus und greifen in Vertiefungen in der Gehäusewandung. Der Gasdruck wirkt über eine Schubstange, die über dem Lauf liegt, auf den Verschlussträger. Wenn dieser dann zurückläuft, ziehen sich die Stützklappen in den Verschluss zurück. Das Magazin fasst zehn Patronen und ist fest mit der Waffe verbunden.

Alles in allem ist die Waffe von Walther sehr viel einfacher gehalten als die von Mauser. Weniger Teile bedeuten eine geringere Störanfälligkeit, leichtere Wartung im Felde und letztendlich auch geringere Herstellungskosten. Einige Probleme betrafen beiden Modelle und waren durch die engen Vorgaben bedingt: So sammelten sich etwa Ablagerungen in der Staudüse an der Mündung, und sie bedurfte einer regelmäßigen gründlichen Reinigung. Die Platzierung des Korns auf der Gasröhre war auch nicht optimal und minderte die Präzision.

Das Gewehr 41(W) wurde von zwei Herstellern gefertigt. Walther in Zella-Mehlis war mit Rüstungsaufträgen dermaßen ausgelastet, dass zusätzlich die Berlin-Lübecker Maschinenfabrik (BLM) in Lübeck einen Auftrag vom Heereswaffenamt erhielt. Insgesamt betrug die Fertigung je nach Quelle zwischen 115 000 und 130 000 Stück.

Der Verzicht auf die zusätzliche Repetiermöglichkeit macht das Gewehr 41 von Walther wesentlich unkomplizierter.

Die frühen Waffen aus Walther-Fertigung (Fertigungskennzeichen „ac") besaßen noch einen seitlichen Druckknopf im Schaft. Mit ihm ließ sich der Verschluss lösen, wenn er sich bei leergeschossener Waffe in seiner hinteren Stellung befand.

Fast alle Metallteile sind aufwendig gefräst. Geformtes Blech kam im Waffenbau erst allmählich zum Einsatz. Hinten am Gehäuse befindet sich der Sicherungshebel.

Späteres Serienmodell ohne Druckknopf. Der dunkle Oberschaft besteht aus Kunststoff.

Nur wenige G41(W) kamen mit Zielfernrohr zum Einsatz. Hier wurde ein ZF 40 mit 1,5-facher Vergrößerung montiert, welches aufgrund seiner schwachen Leistung eher als Zielhilfe anzusehen ist.

Diese seltene Farbaufnahme entstand in Stalingrad beim Kampf um das Traktorenwerk Stalingradski Traktorny Sawod imeni F. E. Dserschinskowo (STS). Im Vordergrund ein G41(W).

Ein Fahrradtrupp kämpft sich durch den Schlamm. Der hinterste Soldat hat ein Gewehr 41(W) umgehängt.

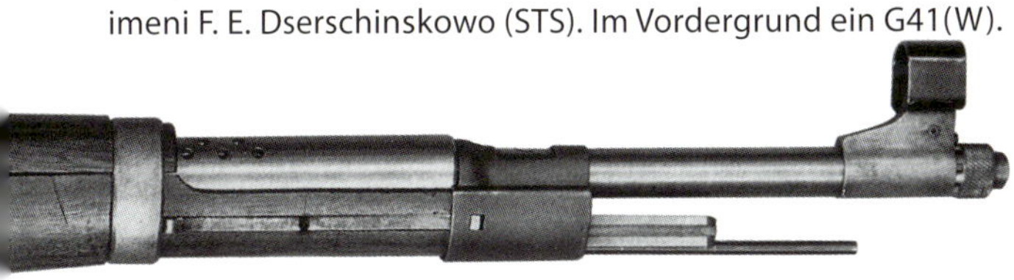

Zeitgenössische Aufnahme des Zwischenmodells V4 mit angebohrtem Lauf zur Gasentnahme. Daraus entstand das spätere Gewehr 43.

Reinigen war wichtig – hier hat ein Fallschirmjäger das Magazin abgenommen und hält den gefederten Zubringer in der rechten Hand (Saint-Lô, 1944).

Angehörige der 17. SS-Panzergrenadier-Division „Götz von Berlichingen" versorgen zusammen mit Fallschirmjägern ihre Verwundeten (Carentan, Juni 1944). Links im Bild ein Gewehr 41(W).

Technische Daten Gewehr 41(W):	
Hersteller:	Carl Walther
	Berlin-Lübecker Maschinenfabrik
Produktionszeit:	1941–1943
Kaliber:	7,92 x 57 mm
Länge:	1140 mm
Lauflänge:	546 mm
Gewicht (ungeladen):	4,7 kg
Magazinkapazität:	10 Patronen

Gewehr 43/ Karabiner 43

Während der Kämpfe im Osten sah sich die Wehrmacht mit russischen Selbstladegewehren konfrontiert. Der SVT-40 war eine beliebte Beute und wurde meist umgehend wieder gegen seine vorherigen Besitzer eingesetzt. Nachdem sich das Gewehr 41(W) bei der Truppe als brauchbar erwiesen hatte, wurde es ab 1943 unter Berücksichtigung der bisherigen Erfahrungen überarbeitet.

Der russische SVT-40 besitzt einen angebohrten Lauf und eine weitaus einfachere Mechanik für den automatischen Ladevorgang als die deutschen Gasdruck-Selbstlader zur damaligen Zeit. Deren Staudüse macht die Waffen vorderlastig, umständlich in der Wartung und teuer in der Herstellung. Die Walther-Konstrukteure bohrten deshalb an ihrer Waffe ebenfalls den Lauf an und leiteten den Gasdruck auf einen Gaskolben, welcher den Impuls über ein Zwischenstück und die Stoßstange auf den Verschlussträger überträgt. Bei Störungen waren die Teile des Gassystems durch Abnehmen des Handschutzes leicht zugänglich und mit wenigen Handgriffen zerlegbar.

Beim Verschluss hingegen gab es nur wenige Änderungen. Das Stützklappenprinzip wurde beibehalten. Der Verschlussträger gleitet auf dem Verschlussrahmen zurück und nimmt dabei über einen Zapfen das Schloss mit. Nach etwa einem halben Zentimeter läuft dieses auf die beiden Stützklap-

In das Gewehr 43 als Gegenstück zu den russischen Halbautomaten setzte die Wehrmacht große Hoffnungen.

Das Zielfernrohr wird auf die Schiene aufgeschoben und beim Umlegen des Hebels auf Position »fest« rastet ein kleiner Riegel in eine Ausnehmung in der Schiene ein.

Der gegossene Verschlussträger neigte anfangs zu Brüchen und erhielt deshalb oben mittig eine Versteifung. Gegenüber vom Spanngriff sitzt die Verschlusssperre zur Festlegung des Verschlusses in seiner hinteren Stellung.

Die Gasentnahme und die Mechanik sind unter dem Oberschaft verborgen. Hier sieht man das Gasrohr, die Schubstangen und ihre Rückholfeder.

pen auf und zieht sie in den Verschluss zurück. Dadurch wird der Verschluss entriegelt und kann mit dem Verschlussträger zurückgleiten. Die leere Patronenhülse wird ausgeworfen und der Hammer gespannt. Hat der Verschlussträger seine Endstellung erreicht, wird er von der Schließfeder wieder nach vorn gedrückt und schiebt dabei eine neue Patrone aus dem Magazin ins Patronenlager.

Einer der großen Fortschritte war die Umstellung auf ein Wechselmagazin. Nach dem Auswerfen der letzten Hülse wird der Verschluss in seiner hinterer Stellung festgehalten. Beim G41(W) musste der Schütze dann seine leere Waffe von oben mittels Ladestreifen befüllen. Bei Walthers neuem Modell kann er mehrere gefüllte Magazine mit sich führen und diese im Gefecht schnell austauschen. Aus heutiger Sicht scheint das für automatische Gewehre völlig normal zu sein, doch damals war es noch keine Selbstverständlichkeit. Das Standardmagazin fasst zehn Patronen. Längere Magazine gab es nur zu Versuchszwecken.

Die Serienfertigung der neuen Waffe »Gewehr 43« (G43) begann im Oktober 1943. Allerdings passte die Bezeichnung nicht zur geringen Gesamtlänge. Sogar der Karabiner 98k war zwei Zentimeter länger. Somit kam es während der laufenden Fertigung im Jahre 1944 zur Umbenennung in »Karabiner 43« (K43), aber außer der aufgestempelten Modellbezeichnung änderte sich an der Waffe nichts.

Der G/K43 verfügte standardmäßig über eine Prismenschiene an der rechten Gehäuseseite zum Aufschieben einer Zielfernrohrmontage. Üblich war das Zielfernrohr ZF4 mit vierfacher Vergrößerung,

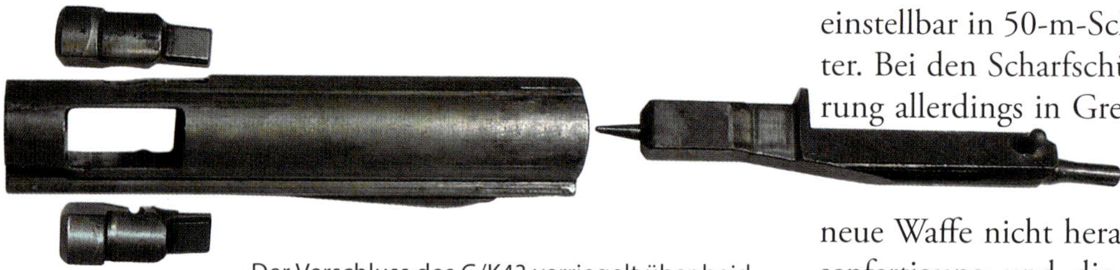

Der Verschluss des G/K43 verriegelt über beidseitig angebrachte Stützklappen.

einstellbar in 50-m-Schritten von 100 bis 800 Meter. Bei den Scharfschützen hielt sich die Begeisterung allerdings in Grenzen, denn an die Präzision eines guten ausgesuchten Karabiners 98k kam die neue Waffe nicht heran. Dies war durch die Massenfertigung und die kriegsbedingt nachlassende Teilequalität auch gar nicht möglich. Bei vielen Waffen wurden mangelhafte Prismenschienen einfach wieder abgefräst.

Viele G43 waren nicht als Scharfschützenwaffen geeignet. Bei ihnen wurde die Zielfernrohrschiene abgefräst, so wie bei diesem Stück aus Gustloff-Fertigung.

Außer an Walther selber wurden Fertigungsaufträge auch an die Berlin-Lübecker Maschinenfabrik (BLM) und die Gustloff-Werke vergeben. In geringem Umfang fand eine Teilefertigung auch im Konzentrationslager Neuengamme unter Aufsicht von Walther statt. Veränderungen an der Grundkonstruktion gab es im Laufe der Zeit nur wenige. So entfiel etwa Mitte 1944 das Mündungsgewinde mitsamt Schutzmutter, da bis dahin kein aufschraubbares Zubehör eingeführt worden war. Und im dünnen, hölzernen Handschutz bildeten sich leicht Risse, weshalb er durch einen aus dem Kunststoff Durovol ersetzt wurde. Die Waffen aus späterer Produktion weisen zum Teil deutliche Bearbeitungsspuren auf. Bis Kriegsende entstanden insgesamt über 400 000 Gewehre bzw. Karabiner 43.

Ein Gehäuse aus der allerletzten Fertigung 1945 bei den Berlin-Lübecker Maschinenfabriken (Fertigungskennzeichen »qve«). Links neben der Seriennummer ist der Waffenamt-Abnahmestempel 214 erkennbar.

Dank des gleichen Laufdurchmessers wie beim Karabiner 98k konnte mit dem G/K43 auch das Gewehrgranatgerät verwendet werden. Schalldämpfer mit ähnlicher Klemm-Montage kamen über die Erprobung nicht hinaus.

Nach dem Zweiten Weltkrieg kopierte Brasilien das deutsche Gewehr 43. Die Fábrica de Itajubá in Minas Gerais entwickelte daraus das Mosquetão Semi-Automático .30 M954 im Kaliber .30-06 Springfield. Als Besonderheit besitzt das Modell eine Verstellvorrichtung zum Blockieren der Gasentnahme, sodass beim Abschuss von Gewehrgranaten der gesamte Gasdruck auf die Granate wirkt.

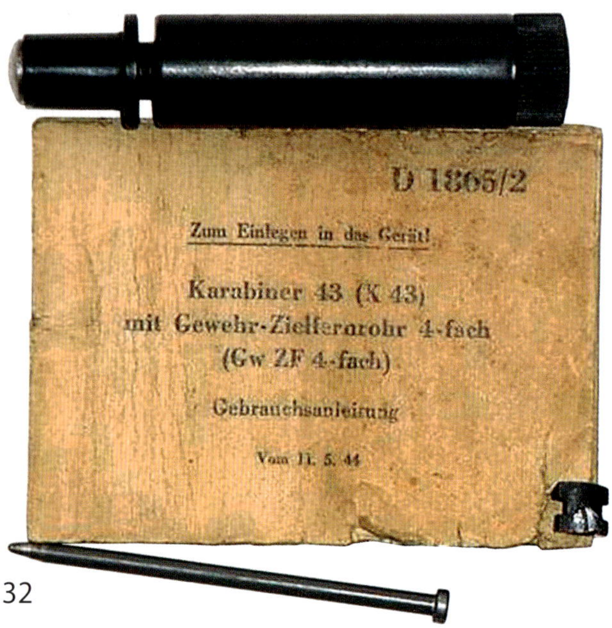

Zu jedem G/K43 gehörte eine kleine Gebrauchsanleitung, ein Öler, Ersatz-Schlagbolzen und Auszieher. Dies alles ließ sich im Kolbenfach verstauen.

In der Spätphase des Krieges wurde eine vollautomatische Ausführung des G43 erprobt. Die Waffe verschoss die Kurzpatrone 7,92 x 33 mm des Sturmgewehrs.

Viele Jahre nach dem Krieg fand dieses Gewehr 43 seinen Weg in die Hände der Irisch-Republikanischen Armee (IRA).

In den Ardennen wartet dieser Schütze auf die anrückenden Amerikaner. Man beachte das auf mehrere hundert Meter Entfernung eingestellte Schiebevisier.

Ein Fallschirmjäger unterhält sich mit einer gut ausgerüsteten Heereseinheit. Alle fünf erkennbaren G/K43 sind mit einem Zielfernrohr bestückt.

Technische Daten Gewehr/Karabiner 43:	
Hersteller:	Carl Walther
	Berlin-Lübecker Maschinenfabrik
	Gustloffwerke
	KL Buchenwald
Produktionszeit:	1943–1945
Kaliber:	7,92 x 57 mm
Länge:	1117 mm
Lauflänge:	550 mm
Gewicht (ungeladen):	4,3 kg
Magazinkapazität:	10 Patronen

Frankreich

Meunier A6

Die Geschichte des ersten in der französischen Armee umfangreich genutzten Selbstladegewehrs begann im Jahr 1894. Der Ingenieur Etienne Meunier arbeitete damals bei der Section Technique de l'Artillerie (STA) an der Entwicklung eines Gasdruckladers, einem damals noch sehr neuartigen Prinzip für den selbsttätigen Wiederladevorgang. Drei Jahre später präsentierte er sein STA No. 4 (Meunier A1). Die Waffe besaß einen Drehkopfverschluss, der über fünf Kämme im Gehäuse verriegelte. Der Munitionsvorrat betrug acht Patronen im experimentellen Kaliber 6 x 58 mm. Danach entwickelte Meunier noch weitere Waffen für andere Kaliber, denn zu diesem Zeitpunkt war die Frage über das künftige Kaliber noch völlig offen. 1903 ließ die französische Armee dann mit dem kurzen Karabiner Meunier A4 einen Truppenversuch bei sechs Kavallerie-Regimentern durchführen. Die Rückmeldungen waren sehr erfreulich und zeigten der Militärführung den Nutzwert einer solchen fortschrittlichen Waffe.

Doch es dauerte noch einige Jahre, bevor das französische Verteidigungsministerium 1909 ein Programm zur Entwicklung eines Selbstladegewehrs ins Leben rief. Langfristig sollte damit das Lebel-Gewehr Model 1886 ersetzt werden. Eine extra hierfür geschaffene Kommission stellte den Anforderungskatalog für die neue Waffe zusammen. So durfte das Kaliber nicht kleiner als 6,5 mm sein und es musste eine Abschaltvorrichtung für den Wiederlademechanismus vorhanden sein, damit die Waffe auch als Repetierer genutzt werden kann. Seltsamerweise musste die Waffenlänge mindestens der des Lebel-Gewehrs entsprechen. Vier staatliche Forschungseinrichtungen machten sich an die Arbeit: Section Technique de l'Artillerie (STA), Ecole Normale de Tir (ENT), Etablissement Technique de Puteaux (APX) und Commission Technique de Versailles (CTV).

Insgesamt legten sie der Kommission im Laufe der Jahre zahlreiche Versuchswaffen mit diversen Funk-

Das Meunier A6 war das erste französische Selbstladegewehr in den Schützengräben des Ersten Weltkriegs. Aber nur 1013 Stück wurden gebaut.

Die zwei Längsschlitze beidseitig im hölzernen Vorderschaft reichten bei rascher Schussfolge nicht zur Kühlung aus und die Waffe heizte sich schnell auf.

Das Visier des Karabiners besitzt fluoreszierende Punkte als Zielhilfe in der Dämmerung

tionsweisen zur Begutachtung vor. Etwa die Hälfte davon funktionierte als Rückstoßlader und war technisch einfacher zu fertigen. Die anderen Waffen waren Gasdrucklader mit teilweise komplizierter Mechanik. Die Leitung der Kommission hatte General Naquet-Laroque inne, seines Zeichens Vorstand des APX, doch letztendlich entschied ein Modell von STA den Wettbewerb für sich, nämlich das Meunier A6 (STA No. 8).

Gefertigt wurde das Meunier A6 von der Manufacture nationale d'armes de Tulle (MAT).

Der Nachschub von Meunier-Patronen (7 x 56,95 mm) bis an die Front gestaltete sich schwierig. Oft litten die Schützen unter Munitionsmangel.

Die Prüfer verfeuerten aus dem Prototyp A6 über 3000 Schuss ohne nennenswerte Störungen. Auch schien die Technik des Rückstoßladers für einen Einsatz im Felde robust genug zu sein. Und so kam es 1910 zur offiziellen Einführung in die Armeebewaffnung als »Meunier A6« (trotzdem oft auch als STA No. 8 bezeichnet) im Kaliber 7 mm. Damit allerdings stand die Waffe erstmal nur auf dem Papier. Es folgten nämlich endlose Debatten über die Spezifikationen der Munition, welche Hülsenlänge optimal sei, wie hoch die Mündungsgeschwindigkeit sein sollte und welcher innere Aufbau des Geschosses wohl die beste Wirkung im Ziel versprach.

Es dauerte bis 1912, ehe man sich endlich auf eine Hülsenlänge von 56,95 mm, eine Mündungsgeschwindigkeit von 1000 Metern pro Sekunde und ein Geschoss mit Stahlkern geeinigt hatte. Die bisher in Langwaffen verwendete Militärpatrone 8 x 50 mm R Lebel konnte wegen ihres Randes am Hülsenboden Zuführungsprobleme in automatischen Waffen verursachen. Deshalb erhielt die für das Meunier A6 entwickelte Patrone im Kaliber 7 x 56,95 mm (7mm Meunier) eine randlose Hülse. Sie war stärker geladen als die Lebel-Patrone. Die Kaliberbezeichnung führt leicht zur Verwechslung mit der 7 x 57 mm Mauser-Patrone. Die neue Waffe fasste sechs Patronen in ihrem integrierten Magazinkasten.

Das Meunier A6 hätte nun im großen Stil in der französischen Armee eingeführt werden sollen.

Mit der Karabiner-Ausführung des A6 begann die Erprobung kurz vor Kriegsende. Für einen Einsatz an der Front reichte es nicht mehr.

Sehr fortschriftlich am Karabiner ist das Ansteckmagazin.

Noch im Frühjahr 1914 war die Manufacture d'armes de Saint-Étienne (MAS) mit der Umrüstung der Fertigungsanlagen für den bevorstehenden Anlauf der Serienfertigung beschäftigt. Geplant war ein monatlicher Ausstoß von 5000 Gewehren. Doch dann brach der Erste Weltkrieg aus – und als unmittelbare Folge kamen die Arbeiten an den Selbstladegewehren erstmal zum Erliegen. Für Frankreich stand viel auf dem Spiel, und das unkalkulierbare Risiko mit dem Einsatz einer völlig neuartigen Waffe an der Front wollte man nicht eingehen. Viel wichtiger war stattdessen die beschleunigte Massenfertigung der bereits bewährten Infanteriewaffen.

Im weiteren Verlauf des Krieges, der nach und nach an Schwung verlor und zum Stellungskrieg mutierte, wurde der militärischen Führung jedoch bewusst, welche Vorteile ein Selbstladegewehr bringen kann. Man griff also auf das bereits bekannte Meunier A6 zurück. Nach Umstellung der Fertigungsanlagen bei Manufacture nationale d'armes de Tulle (MAT) liefen dort im Jahre 1916 ganze 1013 Stück als »7mm Fusil Automatique Modéle 1916« vom Band. Von diesen schickte man schleunigst 843 Stück in die Schützengräben. Zum Schutz vor Schlamm und Staub waren alle Waffen werksseitig mit einem Schutzüberzug aus Webstoff ausgestattet. Trotz des Fortschritts blieben auch manche überholte Vorstellungen erhalten, etwa die Aufpflanzvorrichtung für das Bajonett Mle 1892 für den ruhmvollen Bajonettangriff.

Im Großen und Ganzen bewährten sich die Gewehre gut, aber es gab natürlich auch ein paar Mängel. Neben der damals üblichen Anfälligkeit gegen den allgegenwärtigen Dreck kritisierten die Soldaten vor allem das komplizierte Zerlegen und Reparieren der Mechanik unter Feldbedingungen. Immer wieder brachen kleinere Teile und dann war eine Reparatur schwierig und langwierig. Zudem neigte die Waffe im Gefecht zur Überhitzung bei schnellen Schussfolgen. Das größte Problem war jedoch nicht technischer Art: Es mangelte schlichtweg an Munition. Die Patrone im Kaliber 7 x 59 mm war ein Exot, der sonst in keiner anderen französischen Waffe Verwendung fand. Der Nachschub in den verschlammten Frontgebieten unter Feindfeuer war schon schwierig genug, und nun musste für diese wenigen Waffen noch eine gesonderte Munition gefertigt und ausgeliefert werden. Das funktionierte eben nicht immer.

Eine sehr seltene Variante ist die Karabiner-Ausführung des A6. Etienne Meunier erkannte recht früh den Vorteil einer kurzen Waffe, musste sich aber für die offizielle Ausschreibung an die veralteten Anforderungen der Kommission halten. Dennoch entwickelte er weiterhin kurze Ausführungen, so auch vom A6. Der Karabiner war nur 1096 mm lang, besaß ein Ansteckmagazin und fluoreszierende Punkte an Kimme und Korn als Zielhilfe im Dunkeln. Kurz vor Kriegsende fanden dann doch noch Erprobungen damit statt, aber zu einer Serienfertigung kam es nicht mehr.

Technische Daten Meunier A6:	
Hersteller:	Manufacture nationale d'armes de Tulle (MAT)
Produktionszeit:	1916
Kaliber:	7 x 56,95 mm
Länge:	1295 mm
Länge mit Bajonett:	1690 mm
Lauflänge:	715 mm
Gewicht (ungeladen):	4,1 kg
Gewicht (geladen)	4,2 kg
Gewicht (geladen und mit Bajonett):	4,8 kg
Magazinkapazität:	6 Patronen
Visier:	Schiebevisier (250 bis 1200 Meter)

RSC 1917 – Fusil Automatique M 1917

Während das Meunier A6 (Modéle 1916) mit seiner geringen Stückzahl in den Schützengräben nur eine Randerscheinung blieb, fand dort ein anderes Selbstladegewehr weitaus größere Verbreitung: das RSC Mle. 1917.

Seine Entwicklung begann relativ spät im Krieg. Erst 1915 konnte sich die Armee unter dem Druck der Ereignisse zum Einsatz von Selbstladegewehren durchringen, und so liefen zu dieser Zeit in Tulle die Vorbereitungen zur Fertigung des Meunier A6 an. Diese Waffe war jedoch aufwendig zu fertigen, ihre Mechanik im Felde nur schwer zu reparieren und sie benötigte zudem eine besondere Munition. Der Offizier Louis Chauchat und sein Assistent Charles Sutter, unter deren Leitung beim Fahrzeughersteller Clément-Gladiator in Le Pré-Saint-Gervais das leichte Maschinengewehr CRSG Fusil Mitrailleur Modèle 1915 gefertigt wurde, entwickelten deshalb ohne offiziellen Auftrag zusammen mit dem Fertigungsleiter der Firma, Paul Ribeyrolles, ein Selbstladegewehr für die Militärpatrone im Kaliber 8 x 50 mm R.

Um angesichts der bereits angelaufenen Serienfertigung des Meunier A6 trotzdem das Interesse des Militärs zu wecken, beabsichtigte man ursprünglich, einen Umbausatz für das in großen Stückzahlen vorhandene Lebel-Gewehr 1886/93 zu schaffen, um dieses in ein Selbstladegewehr zu verwandeln. Letztendlich aber blieben vom Gewehr nur die Holzschäftung und einige Kleinteile zur Weiterverwendung übrig. Alles andere musste neu produziert werden. Die Bajonetthalterung wurde zur Aufnahme des Bajonetts vom Lebel-Gewehr eingerichtet.

Die Waffe wurde als aufschießender Gasdrucklader mit Drehkopfverschluss und innenliegendem Hahn ausgelegt. Das Gassystem brachten die Entwickler geschickt im ehemaligen Röhrenmagazin im Vorderschaft des Lebel-Gewehrs unter. Es wirkt über eine außen an der rechten Waffenseite angebrachte Schubstange über den Spanngriff auf den Verschlussträger. Dieser wiederum besitzt Führungsrillen, die den Verschluss zu einer Drehung

Der Offizier Louis Chauchat war schon an der Entwicklung des Maschinengewehrs CRSG 1915 beteiligt.

Vom RSC 1917 wurden über 85 000 Stück hergestellt.

Die Gehäuse des RSC 1917 wurden in Tulle gefertigt und an MAS geliefert.

um 90 Grad zwingen, sodass er bei der Rückwärtsbewegung entriegelt. Je nach Qualität der Munition und dem Verschmutzungsgrad der Waffe kann die Stärke des Gasdrucks verstellt werden.

Die Munition wird aus Laderahmen zugeführt. Sie halten zwar ebenfalls fünf Patronen, sind aber nicht mit den nur kurze Zeit später eingeführten 5er-Laderahmen des neue Berthier-Gewehrs Mle. 1916 austauschbar. Dieser Umstand führte im Felde oft zu Verwechslungen und Problemen bei der Munitionsversorgung. Das Laden geht einfach vonstatten: Das vor dem Abzugsbügel liegende Magazingehäuse wird nach unten geschwenkt und der gefederte Zuführarm nach vorn geklappt. Der gefüllte Laderahmen wird dann zwischen Verschlussgehäuse und Zuführarm eingesetzt und das Magazingehäuse wieder geschlossen. Die Laderahmen mussten vorsichtig behandelt werden, da sie sich leicht verbogen.

Besondere Mühe hatten sich die Konstrukteure mit der Zielvorrichtung gegeben. Die Kimme besteht aus einem hochklappbaren Rahmen. In liegender Position kann der Schieber in 100er-Schritten von 400 bis 800 Meter verstellt werden, und aufgeklappt von 900 bis auf optimistische 2400 Meter. In hinterster Stellung des Schiebers bei heruntergeklapptem Rahmen ist das Visier auf eine Kampfentfernung von 250 Meter eingerichtet.

Etwa ein Jahr nach Projektbeginn war der erste Prototyp fertig und wurde sogleich der Armeeführung vorgelegt. Die Waffe überzeugte die Entscheidungsträger auf Anhieb, und ohne größeren Truppenversuch folgte im Mai 1916 die Einführung als »Fusil Automatique Modéle 1917« (FSA 1917). Viel bekannter ist allerdings die Kurzbezeichnung »RSC 1917«, bestehend aus den Initialen der an der Entwicklung beteiligten Personen Ribeyrolles, Sutter und Chauchat. Mit Einführung kam auch gleich die Anweisung zum schnellstmöglichen Einrichten der Serienfertigung. Und da die Zeit drängte, teilte man die Fertigung auf drei staatliche Waffenfabriken sowie ein Privatunternehmen als weiteren Zulieferer auf:

Manufacture nationale d'armes de Tulle (MAT):	Verschlussgehäuse, Lauf, Abzugsbügel
Manufacture nationale d'armes de Châtellerault (MAC):	Abzugsgehäuse
Manufacture nationale d'armes de Saint-Étienne (MAS):	Verschluss, Verschlussträger, Lauf, Gaszylinder, Gaskolben, Schaft
Manufacture nationale d'armes de Paris:	Magazingehäuse, Spannhebel, Zuführarm

Die außenliegenden, beweglichen Teile mussten immer gut gereinigt werden.

Der Zusammenbau aller Komponenten und die Endkontrolle erfolgten bei MAS in Saint-Étienne.

Schon bei der Vorbereitung der Fertigungsanlagen traten erste Verzögerungen auf. Einige Kleinigkeiten an der Waffe sollten laut Armee noch geändert werden, sodass noch nicht alle Maschinen und Formen endgültig eingerichtet werden konnten. Zudem erschwerten bei den Probeläufen inakzeptable Fertigungstoleranzen das Zusammensetzen der Einzelteile bei MAS. Oftmals mussten die Teile zeitaufwendig nachbearbeitet werden. Erst im April 1917 lief die Serienfertigung richtig an. Sie endete erst im September 1918 nach insgesamt 85.333 hergestellten Stück.

Zum Laden wird die Abdeckung heruntergeklappt und ein voller Laderahmen von unten eingeführt.

Trotz der gesteigerten Feuerkraft machte sich das RSC 1917 an der Front nicht nur Freunde, und die frohe Erwartung vieler Schützen wich bald der Ernüchterung. In sauberem, gut gepflegtem Zustand schoss die Waffe einwandfrei. Doch an der Front drang durch die große Öffnung im Gehäuse für den Spanngriff leicht Schmutz in den Mechanismus ein und es kam zu Funktionsstörungen. Versuchte der Schütze nun unter Zeitdruck im Gefecht die Waffe wieder gangbar zu machen, konnten leicht Teile im Mechanismus verbogen werden oder brachen sogar ganz ab. Ohne den eigentümlichen Laderahmen war die Waffe nur als Einzellader zu gebrauchen, das heißt, nach jedem Schuss musste eine Patrone von Hand geladen werden.

Der 5er-Laderahmen ist nicht mit dem des Berthier-Gewehrs austauschbar.

Zudem war das Schießen durchaus ermüdend. Die Waffe hat keinen Unterbrecher im eigentlichen Sinn. Bei gezogenem Abzug rastet der Hahn in einem Widerlager hinten am Abzug ein, wenn dieser vom zurücklaufenden Verschluss heruntergedrückt wird. Lässt der Schütze den Abzug los, gleitet der Hahn wieder in die vordere Rast. Dadurch erhält der Abzugsfinger des Schützen jedes Mal,

Der Verschluss verriegelt über sein Kopfstück nach einer Drehung um 90 Grad.

Blick auf die Abzugsmechanik des RSC 1917.

wenn der Hahn hinten einrastet, einen Schlag. Und handlich war die Waffe mit 1,3 Metern Länge und über 5 kg Gewicht im engen Schützengraben ohnehin nicht.

Vieles davon ist der überhasteten Einführung ohne umfangreiche Erprobung geschuldet. So manche Unzulänglichkeit wäre dabei sicherlich erkannt worden. Immerhin wurde nun auf die negativen Rückmeldungen von der Front reagiert und die Entwickler überarbeiteten ihre Waffe nochmals. So entstand kurz vor Kriegsende noch das »Fusil Automatique Modèle 1918« (FSA 1918). Diese Waffe besaß nun einen Staubschutzdeckel, der sich sogar mit der Mechanik mitbewegte. Als Laderahmen diente der bewährte 5er-Rahmen vom Berthier-Gewehr. Nach dem letzten Schuss blieb der Verschluss in seiner hinteren Stellung stehen und zeigte dem Schützen an, dass er nachladen muss. Bislang merkte das der Schütze erst, wenn die Waffe nicht mehr schoss – oder wenn er seine Schüsse im Eifer des Gefechts tatsächlich mitgezählt hatte. Andere Verbesserungen betrafen das Gassystem. Letztendlich war die Waffe auch noch um ein halbes Kilogramm leichter.

Die Fertigung des verbesserten Modells lief Anfang September 1918 an. Kurz darauf war der Krieg zu Ende. Bis zum Waffenstillstand erreichten davon keine mehr die Truppen an der Front. Einschließlich der aus übrigen Komponenten nach dem Krieg zusammengebauten Waffen lag die Fertigungsmenge bei etwa 4000 Stück. Sie kamen später im Rifkrieg, auch bekannt als Zweiter Marokkanischer Krieg (1921–1926), auf spanischer Seite zum Einsatz und sollen einigen zeitgenössischen Berichten zufolge recht zuverlässig funktioniert haben.

Der Restbestand beider RSC-Modelle wurde in Frankreich im Jahre 1929 offiziell aus der Bewaffnung gestrichen und eingelagert. Dort ruhten sie einige Jahre, bevor sie 1935 zu Geradezugrepetierern umgebaut und an Reserveeinheiten ausgegeben wurden. Die Umrüstung bestand lediglich darin, die Gasentnahmebohrung im Lauf mit einem Stahlbolzen zu verschließen.

Technische Daten	**RSC 1917**	**RSC 1918**
Hersteller:	Manufacture nationale d'armes de Saint-Étienne (MAS)	
Produktionszeit:	1917–1918	1918
Kaliber:	8 x 50 mm R	8 x 50 mm R
Länge:	133 cm	110 cm
Lauflänge:	80 cm	58 cm
Gewicht (ungeladen):	5,3 kg	4,9 kg
Magazinkapazität:	5 Patronen	5 Patronen

MAS 40 bis 49-56

Frankreich gehörte nach dem Ersten Weltkrieg zu den Siegermächten der Entente und diktierte den Verlierern im Versailler Vertrag harte Bedingungen. Ökonomisch gesehen war Frankreich jedoch einer der großen Verlierer, da es sich hoch verschuldet und zudem massive Verwüstungen erlitten hatte. Der Wiederaufbau der Kriegsgebiete und die Rückführung der auf volle Kriegsproduktion ausgerichteten Industrie zur Normalität dominierten die staatliche Planung der Nachkriegsjahre. In den Depots stapelten sich bald Massen von nicht mehr benötigtem Kriegsgerät aller Art. An die Entwicklung neuer Waffen war unter diesen Umständen vorerst nicht zu denken. Zudem schwirrte in manchen Köpfen noch die längst veraltete Vorstellung herum, dass automatische Waffen nur zu Munitionsverschwendung und einem Verlust alter kämpferischer Tugenden führen würden.

Erst einige Jahre nach Kriegsende experimentierten die staatlichen Waffenfabriken Manufacture nationale d'armes de Saint-Étienne (MAS) und Manufacture nationale d'armes de Tulle (MAT) wieder mit Selbstladegewehren. Das Militär zeigte unter anderem Interesse an dem »Fusil Automatique Modéle 1928« und ließ sich Prototypen vorführen. Der Gasdrucklader hinterließ zwar einen guten Eindruck, aber dann machte die Weltwirtschaftskrise Ende der 1920er-Jahre einen Strich durch die Rechnung. Die Zahlungsunfähigkeit vieler Unternehmen und massenhafte Arbeitslosigkeit ließ für die kommenden Jahre andere Probleme in den Vordergrund rücken. Nichtsdestotrotz gingen bei MAS die Arbeiten langsam aber stetig voran und mündeten schließlich in das Modéle 1938/39. Wieder zeigte das Militär Interesse und orderte mehrere Waffen unter der Bezeichnung MAS 40 für einen Truppenversuch. Die Waffe arbeitete als Gasdrucklader mit Kippblockverschluss, wobei der Gasdruck über ein Rohr ohne Gestänge direkt auf den Verschlussträger wirkte. Zur Herstellung der Waffe wurden diverse Teile des Repetiergewehrs MAS 36 verwendet, so etwa die Holzschäftung, Magazinboden und die Bajonetthalterung. Ein versuchswei-

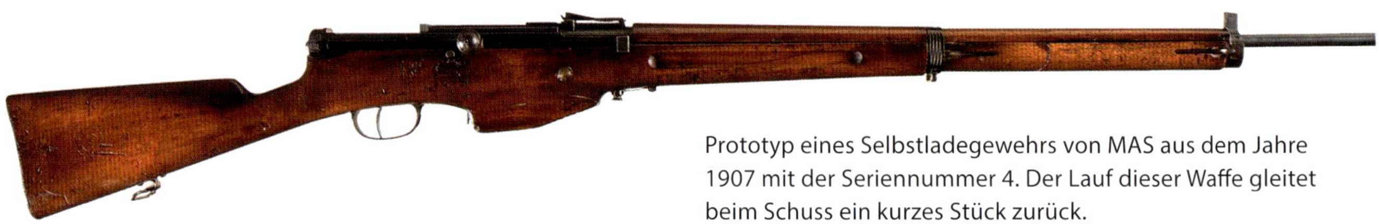

Prototyp eines Selbstladegewehrs von MAS aus dem Jahre 1907 mit der Seriennummer 4. Der Lauf dieser Waffe gleitet beim Schuss ein kurzes Stück zurück.

Diverse Teile des Repetiergewehrs MAS 36 wurden für das Selbstladegewehr MAS 40 verwendet.

Blick in die staatliche Waffenfabrik Manufacture nationale d'armes de Saint-Étienne (MAS). Hier erhalten die fertigen Gehäuse des MAS 36 ihre Holzschäftung.

Stempelung des MAS 44 mit der Seriennummer 6005. Insgesamt wurden etwa 6300 Stück hergestellt.

Das MAS 44 entstand unmittelbar nach dem Abzug der deutschen Besatzer.

se angebrachtes Wechselmagazin fand beim Militär keinen Gefallen, und so erhielt die Serienwaffe einen von oben befüllbaren, integrierten Magazinkasten für fünf Patronen.

Das MAS 40 stand somit kurz vor der Einführung und 50 Stück der Vorproduktion lagen für den geplanten Truppenversuch bereit, als im Mai 1940 die deutsche Wehrmacht in Frankreich einfiel. Am 14. Juni wurde Paris besetzt und wenig später kapitulierte Frankreich. Bei MAS erbeuteten die Deutschen einige Prototypen des MAS 40, aber zu diesem Zeitpunkt weckten die Selbstladewaffen wenig Aufmerksamkeit. Mit dem Verlauf des Krieges sollte sich diese Einstellung noch ändern. Nach mehreren Jahren Besatzungszeit landeten die Alliierten am 6. Juni 1944 in der Normandie und befreiten in der Folgezeit das Land. Die Bewaffnung der Amerikaner mit ihren M1 Garands und M1 Carbines hatte den Wert von Halbautomaten für zukünftige Konflikte bewiesen. Um waffentechnisch auf diesem Gebiet nicht abgehängt zu werden, beauftragte das Kriegsministerium noch 1944, unmittelbar nach dem Abzug der deutschen Truppen, die Waffenfabrik in Saint-Étienne mit der Konstruktion einer entsprechenden Waffe. Hierfür griff man bei MAS auf die zu Beginn des Krieges entwickelte MAS 40 zurück und fügte nun doch ein Wechselmagazin mit zehn Schuss Kapazität hinzu.

Durch Anbringen der Granatabschussvorrichtung ähnlich dem MAS 36-48 entstand das MAS 44A.

Das Granatvisier lässt sich durch Drehen an der gerändelten Schnecke auf und ab bewegen.

Das MAS 49-56 lässt sich auch mittels Ladestreifen laden.

Die neue Granatabschussvorrichtung des MAS 49-56 war an die NATO-Spezifikationen angepasst.

Auf dem massiven gefrästen Gehäuse sitzt das Schiebevisier mit Lochkimme, verstellbar bis maximal 1200 Meter.

Auch auf das relativ moderne MAS 49-56 kann noch ein Bajonett aufgepflanzt werden, auch wenn es im Kampfgeschehen praktisch keine Rolle mehr spielt.

Beim MAS 49 wurde eine verbesserte Granatabschussvorrichtung angebaut, die ein genaueres Zielen ermöglichte.

Der Vergleich zeigt die Längenersparnis vom MAS 44 (oben) zum MAS 49-56 (unten). Auch das Nadelbajonett entfiel.

Am 11. Januar 1945 wurde das Gewehr als »Fusil Semi-Automatique Modéle 1944« (MAS 44) bei der französischen Marine eingeführt. Die Fertigung belief sich auf insgesamt 6300 Stück, von denen aber keine mehr im Kampf gegen Deutschland zum Einsatz kamen. Die Fertigung wurde bald wieder eingestellt, da Frankreich von den USA eine Lieferung über 50 000 M1 Garands und 70 000 M1 Carbines erhielt. Damit war der Bedarf vorerst gedeckt. Die wenigen MAS 44 konnten ihre Zuverlässigkeit dafür ab 1946 im Indochinakrieg unter Beweis stellen.

Trotz der Einstellung der Fertigung liefen die reinen Entwicklungsarbeiten an der Selbstladetechnik weiter. Eine Hauptforderung des Militärs war die Möglichkeit zum Verschießen von Gewehrgranaten. Im Krieg hatte sich diese Munition insbesondere bei der Panzerabwehr als Aushilfe bewährt, wenn keine schweren Waffen wie Panzerabwehrkanonen zur Verfügung standen. Das MAS 49 erhielt deshalb eine fest montierte Granatabschussvorrichtung wie das Repetiergewehr MAS 36-48 und wurde somit zum Modéle 1944A (MAS 44A). Zum Abschuss der Granaten kann die Gasentnahme gesperrt werden und die Waffe funktioniert wie ein gewöhnlicher Repetierer. Fünf Jahre später wurde die Waffe dann unter der Bezeichnung »Fusil Semi-Automatique de 7,5 mm Modèle 1949« (MAS 49) offiziell eingeführt. Diese Ausführung schoss insgesamt präziser, besaß eine überarbeitete Kimme

Französische Soldaten auf dem Flug in den Einsatz. Ein MAS 49-56 ist vorsorglich mit einer Gewehr-Sprenggranate bestückt. Weitere Granaten trägt der Schütze in seiner speziellen Brusttasche.

mit mehr Einstellmöglichkeiten und das bisherige Nadelbajonett entfiel ersatzlos. Etwa 50 000 Stück gingen an die französischen Streitkräfte und kamen in diversen Konflikten zum Einsatz. Ein Sonderauftrag über 6000 Stück mit Bajonetthalterung wurde in den frühen 50er-Jahren nach Syrien exportiert. Bedingt durch die hohen Herstellungskosten im Vergleich zum Repetiergewehr MAS 36-48 kam es bereits 1950 schon wieder zur Einstellung der Produktion. An Selbstladegewehren mangelte es den Franzosen dennoch nicht: Im selben Jahr übergaben die USA nochmals eine stattliche Lieferung von 200 000 M1 Garands und 210 000 M1 Carbines an Frankreich.

Trotz seiner Qualität blieb das MAS 1949 eine relativ lange und schwere Waffe. MAS erhielt deshalb einige Jahre später den Auftrag, eine leichtere und weniger sperrige Ausführung zu schaffen. Die Erfahrungen beim Einsatz im Indochinakrieg, in Algerien sowie während der Suezkrise zwischen Ägypten auf der einen Seite und Frankreich, Großbritannien und Israel auf der anderen Seite mündeten 1956 in das MAS 49-56. Die Waffe erhielt einen Mündungskompensator, der zum Verschießen von Gewehrgranaten nach NATO-Spezifikationen diente. Das vereinfachte Granatvisier sperrt beim Hochklappen den Gaskanal. Und im Gegensatz zum Vorgängermodell war jetzt wieder das Anbringen eines Bajonetts möglich. Eine Dämmerungszielhilfe mit fluoreszierenden Punkten konnte als Zubehör über den Lauf geschoben werden. Für richtige Nachteinsätze gab es das ziemlich sperrige Nachtsichtgerät DI-PT-5B mit umhängbarer Batterietasche zur Stromversorgung.

Sowohl vom MAS 49 als auch vom MAS 49-56 wurden Ausführungen für Scharfschützen hergestellt. Sie unterscheiden sich technisch nicht von den Basiswaffen. Es kamen lediglich das Zielfernrohr hinzu sowie ein zusätzlicher Kolbenschuh aus Gummi und eine Wangenstütze für den Schaft.

Die Fertigung des MAS 49-56 lief 1978 nach 275 240 hergestellten Exemplaren aus. Im aktiven Dienst verblieben die Waffen noch bis 1990. In der Zwischenzeit erfolgte die Umrüstung auf das Sturmgewehr »Fusil d'Assaut de la Manufacture d'Armes de Saint-Étienne« oder kurz FAMAS (FA-MAS) im NATO-Kaliber 5,56 x 45 mm.

Die französischen MAS fanden ihren Weg an viele Brennpunkte der Welt, wie hier 1978 in Zaire (heute Demokratische Republik Kongo). Der Soldat hat eine Gewehrgranate mit Splitterwirkung aufgesteckt.

Ein Scharfschütze prüft den Blick durch das Zielfernrohr. Die Aufnahme entstand 1961 in Algerien.

Das MAS 49-56 mit Zielfernrohr unterscheidet sich technisch nicht von der Standardwaffe.

Technische Daten:	**MAS 49**	**MAS 49-56**
Hersteller:	Manufacture nationale d'armes de St-Etienne (MAS)	
Produktionszeit:	1949–1956	1956–1980
Kaliber:	7,5 x 54 mm	7,5 x 54 mm
Länge:	1100 mm	1020 mm
Lauflänge:	580 mm	525 mm
Gewicht (ungeladen):	4,7 kg	4,1 kg
Magazinkapazität:	10 Patronen	10 Patronen

Großbritannien

Farquhar-Hill

Eines der ersten in Großbritannien entwickelten Selbstladegewehre entstand aus der Zusammenarbeit von Colonel Moubray Gore Farquhar mit dem Büchsenmacher Arthur Henry Hill. Ihr erstes Patent dazu wurde 1907 erteilt und befasste sich mit einem automatischen Gewehr mit beweglichem Lauf.

Ursprünglich als Rückstoßlader mit zurückgleitendem Lauf und Drehkopfverschluss entworfen, mussten die Konstrukteure schon bald das Funktionsprinzip wegen der komplizierten Bauweise und vielen Störungen grundlegend verändern. Nach dem Schuss bewegt sich der Lauf mitsamt dem noch darin verriegelten Verschluss ein Stückchen zurück, bevor er durch Drehung entriegelt wird. Eine zusammengedrückte Zwischenfeder speichert währenddessen Energie, die dann für die weitere Verschlussbewegung genutzt wird. Insgesamt sind am automatischen Ladevorgang drei Federn beteiligt, anstatt nur einer. Die Entwickler versprachen sich durch die Pufferwirkung eine ruhige Verschlussbewegung mit weniger Erschütterungen. Allerdings machte es die Mechanik für eine Kriegswaffe unnötig kompliziert und empfindlich unter Frontbedingungen. Die Nutzung der reinen Rückstoßenergie brachte also nicht das gewünschte Ergebnis, und so entstand letztendlich 1911 ein Gasdrucklader. Der aus dem nun unbeweglichen Lauf abgezweigte Gasdruck wirkt auf einen kurzen Gaskolben, welcher wiederum auf den Verschluss trifft und ihn nach hinten treibt. Die Zwischenfeder als Energiespeicher wurde beibehalten.

Die ersten Versuchswaffen waren für eine experimentelle ».303 inch rimless« (randlose) Patrone eingerichet, welche in automatischen Waffen zuverlässiger funktionieren sollte. Doch schon bald wechselte man auf die Standard-Armeepatrone .303 British mit Rand. Die Patronenzufuhr erfolgt aus einem ansteckbaren Trommelmagazin für 19 Patronen. Der vordere Handgriff läßt sich auf der Schiene an verschiedenen Positionen befestigen, je nach Armlänge des Schützen.

Das Farquhar-Hill ist aufschießend, das heißt, der Verschluss befindet sich im feuerbereiten Zustand in vorderer Stellung. Trotzdem bleibt er nach dem ersten Spannen von Hand erst einmal in der hinteren Stellung gefangen, denn nur in dieser Position kann die Waffe geladen werden. Am abgenommenen Trommelmagazin verhindert ein Sperrschieber das Herausfallen der Munition. Nun steckt der Schütze das Magazin von unten in die Waffe und löst die Sperre, so dass die Patronen in die Waffe gedrückt werden. Nach Betätigen des Abzugs bewegt sich der Verschluss nach vorne, entnimmt die erste Patrone aus der Trommel und führt sie ins Patronenlager ein. Die Waffe ist nun geschlossen und

Das Farquhar-Hill entstand aus einer langjährigen Zusammenarbeit von Colonel Moubray Gore Farquhar und dem Büchsenmacher Arthur Henry Hill.

Die Waffe wurde erst 1918 als fronttauglich eingestuft, doch vor Anlauf der Serienfertigung war der Krieg zu Ende.

feuerbereit. Beim nochmaligen Betätigen des Abzugs wird die Patrone gezündet und danach durch den Gasdruck der Nachladevorgang ausgeführt. Das Trommelmagazin sollte übrigens vor dem Abnehmen leergeschossen sein, ansonsten schleudert die Magazinfeder alle restlichen Patronen heraus.

Das britische Small Arms Committee erprobte die nur als Farquhar-Hill bezeichnete Waffe erstmals im Mai 1908. Damals noch in der Ausführung als reiner Rückstoßlader. Sie funktionierte nicht zuverlässig und wurde wieder an die Entwickler zurückgegeben. Auch mehrere Verbesserungen konnten in der Folgezeit das Komitee nicht zufriedenstellen. Erst die Ausführung als Gasdrucklader hatte mehr Erfolg. Die britische Armee führte intensive Versuche damit durch, ließ sich dabei aber sehr viel Zeit. Ein abschließender Truppenversuch an der Front fand erst im Jahre 1918 statt. Die Waffe wurde daraufhin als fronttauglich eingestuft und das Verteidigungsministerium stellte einen Antrag auf Genehmigung von 100 000 Stück für den Kampf gegen das Deutsche Reich. Mit der offiziellen Einführung im August 1918 erhielt das Farquhar-Hill die Bezeichnung »Rifle. .303 inch, Pattern 1918«. Im selben Jahr bekamen auch die Vereinigten Staaten von Amerika eine Waffe für eigene Versuche in Aberdeen Proving Ground geliefert. Dort weckte sie kaum Interesse und verschwand rasch im Lager.

Die Fertigung in Großbritannien war gerade erst angelaufen, als im November 1918 die Kampfhandlungen endeten. Nur eine geringe Anzahl hatte es bis dahin überhaupt zur Front geschafft. Hauptsächlich nutzte das Royal Flying Corps (RFC) die Waffe zur Ausrüstung seiner Flugzeuge. Auf beiden Seiten stattete man damals Beobachter und Abwehrschützen bevorzugt mit Selbstladewaffen aus, denn die höhere Schussfolge versprach mehr Treffer im feindlichen Flugzeug. Das Aufkommen von leichten Maschinengewehren als Bordbewaffnung machte diese improvisierte Art der Bewaffnung allerdings bald wieder überflüssig. Und so wurde auch der Fertigungsauftrag für das Farquhar-Hill im September 1919 wieder storniert.

In den 1920er Jahren entwarf Moubray Farquhar auf Basis seines Selbstladegewehrs auch noch ein leichtes Maschinengewehr mit oben aufgestecktem Tellermagazin. Wegen des schottischen Herstellers William Beardmore & Company nur als Beardmore-Farquhar light machinegun bezeichnet, bot er die Waffe in zahlreichen Ländern in verschiedenen Konfigurationen an, doch insgesamt ohne Erfolg.

Das Trommelmagazin sollte nur leer entfernt werden, ansonsten schleudert die Magazinfeder alle restlichen Patronen heraus

Über eine Bohrung im Lauf wird der Gasdruck abgezweigt. Das Ventil dient zur Gasdruckregelung, je nach Munitionssorte und Verschmutzungsgrad der Waffenmechanik.

Eine Trommel fasst 19 Stück der Armeepatrone .303 British mit Rand.

Technische Daten Farquhar-Hill:	
Produktionszeit:	1908–1918
Kaliber:	.303 British
Länge:	1042 mm
Lauflänge:	686 mm
Gewicht (ungeladen):	6,6 kg
Magazinkapazität:	19 Patronen (Trommelmagazin)

Smith & Wesson Light Rifle

Nach dem Ersten Weltkrieg tat sich bei den Briten nicht viel in Sachen Selbstladegewehre. Halbherzig testete man den ein oder anderen Prototypen, doch konzentriert verfolgt wurde diese Entwicklung nicht. In den Zeiten der wirtschaftlichen Depression der 1930er Jahre musste auch der Verteidigungshaushalt sparen und die Depots waren damals noch voll mit Lee Enfield (SMLE) Repetierbüchsen und .303-Patronen. In den nächsten Krieg zog die britische Armee also ohne ein eigenes Selbstladegewehr. Das bedrängte Königreich konnte bei Ausbruch des Zweiten Weltkriegs nicht einmal seinen Bedarf an gewöhnlichen Militärwaffen aus eigener Produktion befriedigen. Viele Waffen mussten aus dem Ausland, vor allem den USA, angekauft werden. So gelangten im Laufe der Zeit auch der M1 Garand und der M1 Carbine in britische Dienste.

Das verbesserte Modell Mark II für Großbritannien mit Stabilisierungshülse um das Gehäuse.

Das Magazin wird nicht gerade von unten, sondern von schräg vorne in den Magazinhalter eingeführt.

Der gefräste Lauf lässt erahnen, wie aufwendig und teuer die Herstellung der gesamten Waffe war.

Auch der amerikanische Waffenhersteller Smith & Wesson lieferte größere Mengen an Revolvern nach England. Anfang 1939 erhielt die Firma von Großbritannien einen Auftrag für ein »light rifle« zur militärischen Verwendung. Chefingenieur Edward S. Pomeroy und seine Mitarbeiter entwickelten daraufhin ein halbautomatisches Gewehr im Kaliber 9 mm, welches im Juni 1939 zum Patent angemeldet wurde. Das »Smith & Wesson Light Rifle Model 1940« war ein technisch einfach gehaltener Rückstoßlader. Die einzige Besonderheit stellte der Magazinschacht dar: Er war besonders groß und nahm in seiner vorderen Hälfte das Magazin auf, während er in seiner hinteren Hälfte alle leeren Hülsen auffing. Ansonsten bestand die Waffe aus einem aufwendig zu fertigenden gefrästen Gehäuse, einem gefluteten Lauf mit zwölf Längsrillen und einem Kolben aus schwarzem Kunststoff.

Das berühmte Firmenzeichen von Smith & Wesson prangt auf der linken Seite der Waffe.

Anfang 1940 wurden Fertigungszeichnungen und einige Prototypen nach Großbritannien geschickt. Dort zeigte man sich begeistert und stellte Smith & Wesson ohne große Erprobung unverzüglich eine Million US-Dollar zur Verfügung, um die Produktion aufzubauen und schnellstmöglich Waffen ausliefern zu können. Doch bei der intensiveren Erprobung durch die Royal Small Arms Factory in Enfield zeigten sich einige Schwächen, die vor allem durch die stärker geladene britische 9mm-Munition verursacht wurden. So musste der 5000-Schuss-Dauertest bereits nach knapp 1000 Schuss wegen Rissen im Gehäuse abgebrochen werden. Vor allem die Abschlusskappe am Gehäuse barg eine große Gefahr für den Schützen: Das Gewinde zum Aufschrauben der Kappe war sehr tief in das Gehäuse eingeschnitten. Wegen der schwachen Schließfeder wirkte der Verschluss bei jedem Schuss mit großer Kraft auf die Kappe, was das Gehäuseende am Gewinde sehr belastet. Ein Ermüdungsbruch hätte für den Schützen fatale Folgen gehabt.

Die Waffe musste nochmals überarbeitet werden; vor dem Abzug wurde eine massive geriffelte Hülse über das Gehäuse geschoben. Sie dient der Stabilität und kann zusätzlich durch Drehen als Sicherung verwendet werden, indem sie den Spanngriff

Erprobung der Waffe auf dem firmeneigenen Schießstand von Smith & Wesson.

Diese Abbildung aus dem Handbuch zeigt die Haltung beim Schießen. Dabei dient der Magazinhalter als Vordergriff.

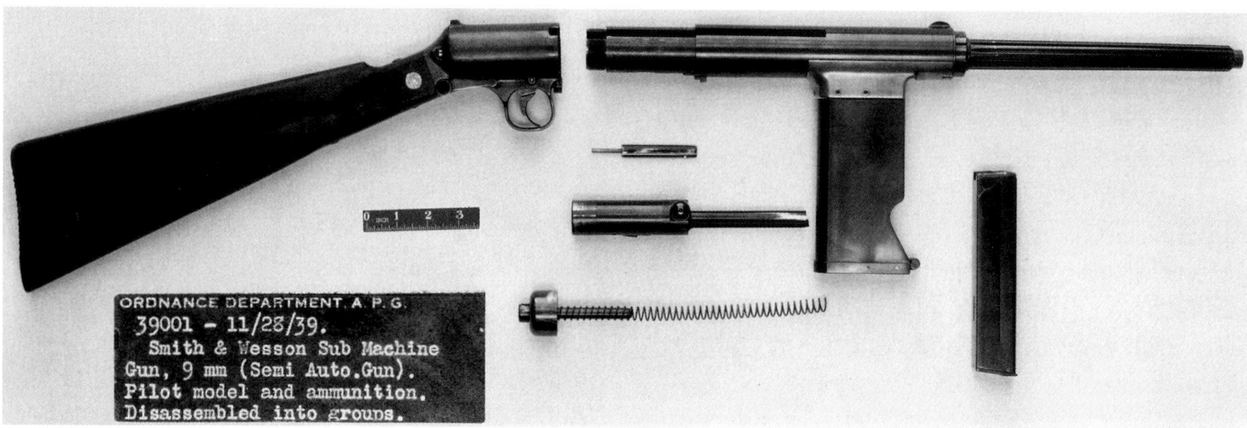

Das Modell Mark I feldmäßig zerlegt. Foto vom 28. November 1939 während der Erprobung in Aberdeen Proving Ground in den USA.

blockiert. So entstand das Modell »Mark II«, während die bislang gefertigten Waffen zur Unterscheidung nachträglich den Zusatz »Mark I« erhielten. Die Auslieferung erfolgte in Holzkisten mit je zehn Waffen, zwanzig Magazinen, zehn Bedienungsanleitungen und einem Maulschlüssel zum Laufwechsel.

Trotz der Überarbeitung zeigte sich das britische Militär von der Waffe enttäuscht. Es fehlte an Feuerkraft, und das Gewicht war viel zu hoch. Das Light Rifle wurde nicht an die Truppe ausgegeben und der Auftrag nach nur etwas mehr als 1000 gefertigten Waffen storniert. Interessanterweise leistete Smith & Wesson die geforderte teilweise Rückzahlung nicht in Geld, sondern in Revolvern als Gegenwert. Laut dem Archiv von Smith & Wesson wurden 1227 komplette Waffen hergestellt. An Großbritannien gingen 1010 Stück (davon ca. 200 Mark II). In der verfrühten Hoffnung auf weitere Bestellungen fertigte die Firma mehr Gehäuse, als überhaupt bestellt worden waren. Es sind Seriennummern bis in den 2200er Bereich bekannt. Diese Gehäuse komplettierte man zwar noch zu fertigen Waffen, ließ sie dann aber unverkauft im firmeneigenen Lager verschwinden. Erst im Jahre

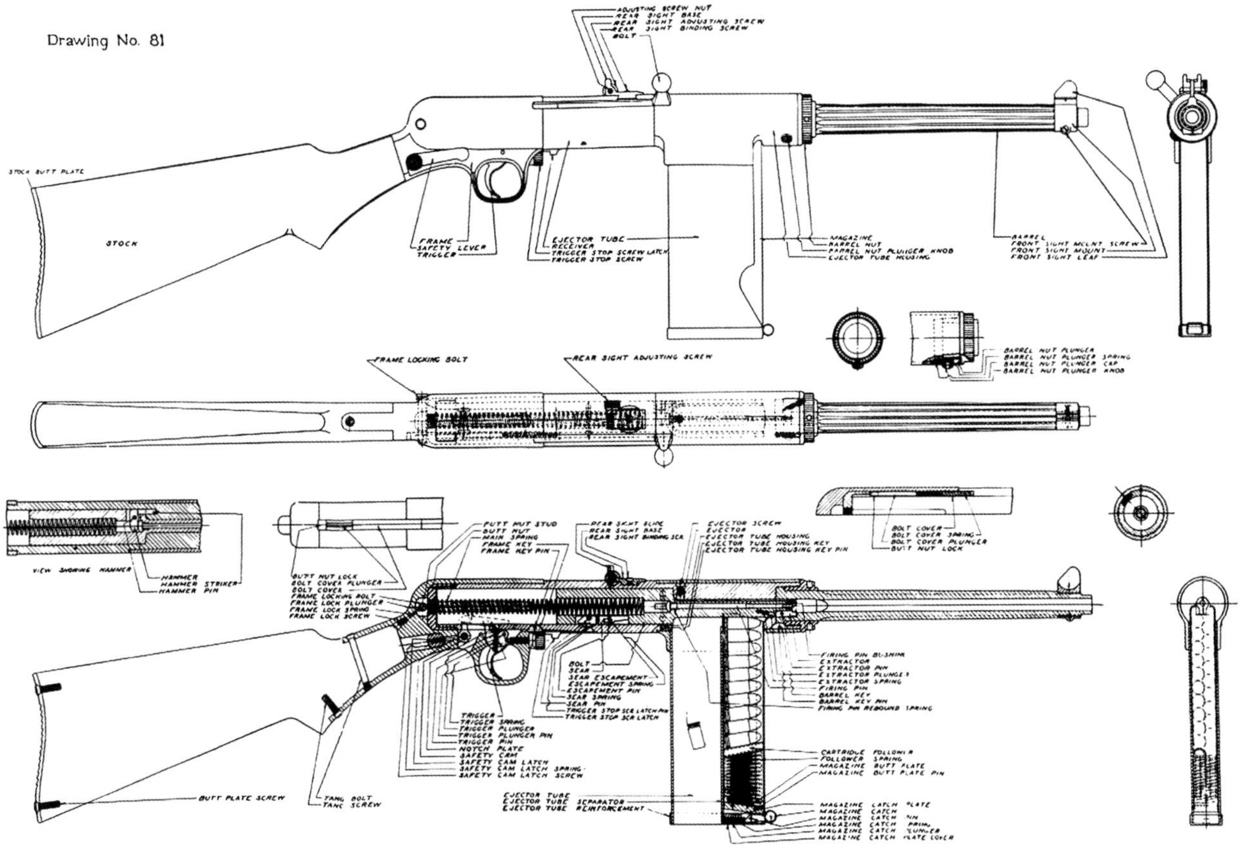

Gesamtübersicht aus den Konstruktionsunterlagen des Modells Mark I mit Benennung aller einzelnen Bauteile.

1974 wurden davon 217 Stück bei einer Lagerräumung wegen Umbauarbeiten wiederentdeckt.

Als in den USA das Ordnance Department 1939 einen Ersatz für die teure und aufwendig zu fertigende MP Thompson suchte, reichte auch Smith & Wesson ein »Light Rifle Model 1940« zur Erprobung beim Aberdeen Proving Ground ein. Zwar handelte es sich nicht um eine Maschinenpistole, aber die Firma wollte dadurch in Erfahrung bringen, wie ihre Waffe aus Sicht der Army abschneiden würde und ob die Weiterentwicklung zu einer vollautomatischen Maschinenpistole im Kaliber .45 ACP fortgesetzt werden sollte. Den Beschusstest mit 120 Schuss bestand die Waffe ohne Probleme, nur bei den zusätzlichen 40 Schuss nach dem Schlamm- und Staubbad ließ sich der Abzug merklich schwerer betätigen. Nach der Erprobung am 28. November 1939 wurde die Waffe zusammen mit einer Liste von Wünschen und Verbesserungsvorschlägen zurückgegeben. Das Ordnance Department zeigte sich zuversichtlich, dass die Waffe nach einem Umbau auf das Kaliber .45 ACP mit Vollautomatik-Modus gute Erfolgsaussichten haben würde. Doch Smith & Wesson verfolgte die Sache nicht weiter und reichte auch keine Maschinenpistole für die weiteren Erprobungen ein.

Technische Daten S&W Light Rifle:	
Produktionszeit:	1940–1941
Kaliber:	9 x 19 mm
Länge:	823 mm
Lauflänge:	248 mm
Gewicht (ungeladen):	3,74 kg
Magazinkapazität:	20 Patronen

SLEM-1

Nach dem Überfall der Wehrmacht auf Belgien im Mai 1940 flüchteten von dort viele Menschen in vermeintlich sichere Nachbarländer. So verschlug es auch einige Mitarbeiter der weltweit bekannten Waffenfabrik Fabrique Nationale d'Armes de Guerre (FN) aus dem belgischen Herstal nach Großbritannien. Dort arbeiteten sie den Krieg über für das Small Arms Design Department in Cheshunt, wobei sich ein Entwicklungsteam um den FN-Chefkonstrukteur Dieudonné Saive vorrangig mit Selbstladewaffen beschäftigte. Im Jahre 1944 entschied der britische Generalstab, dass die künftige Standard-Infanteriepatrone das Kaliber 7,92 x 57 haben würde. Diese randlose Patrone wurde damals bereits im BESA-Maschinengewehr verwendet und war für automatische Waffen besser geeignet als die bisherige Randpatrone.

Das FN-Team entwickelte daraufhin das SLEM-1 (Rifle, 7.92mm, Self-Loading Experimental Model No. 1), manchmal auch als EXP-1 bezeichnet. Der Gasdrucklader mit 10-Schuss-Wechselmagazin erwies sich bei den ersten Erprobungen als sehr robust und funktionssicher. Doch die Entwicklung fand ein abruptes Ende, als die Briten erbeutete deutsche Kurzpatronen im Kaliber 7,92 x 33 untersuchten und erprobten. Das Militär wollte nun ebenfalls eine solche gewichts- und materialsparende Patrone haben. Versuche führten zu den Kalibern .270 inch (6,9 mm) und .280 inch (7,1 mm). Das SLEM-1 wurde versuchsweise umgebaut für die deutsche Kurzpatrone und danach für das Kaliber .280 British. Nach dem Krieg führte die Entwicklung des SLEM-1 schließlich zum Selbstladegewehr SAFN 49 (Semi-Automatique Fabrique Nationale Modèle 1949) und dann zum weltbekannten Sturmgewehr FN FAL (Fusil Automatique Léger).

Das SLEM-1 (EXP-1) wurde von einem nach Großbritannien geflüchteten Team um den FN-Chefkonstrukteur Dieudonné Saive entwickelt. Hier die Seriennummer 47.

Die Gasentnahme erfolgt über eine Bohrung oben im Lauf.

Die Waffe mit Seriennummer 47 ist für die Patrone 7,92 x 57 mm eingerichtet. Das integrierte Magazin fasst zehn Patronen und lässt sich von oben mittels Ladestreifen befüllen.

Über dem Patronenlager ist der Gaskolben erkennbar. Er überträgt den Impuls des Gasdrucks auf den Verschlussträger und versetzt diesen in Bewegung.

Ein weiteres Versuchsstück, diesmal mit einem Fassungsvermögen von 20 Patronen.

Technische Daten SLEM-1 (EXP-1):	
Kaliber:	7,92 x 57 mm
Länge:	1117 mm
Lauflänge:	591 mm
Gewicht (ungeladen):	4,3 kg
Magazinkapazität:	10 und 20 Patronen

Italien

Modello 1921 und MBT 1925

In Italien hatte sich während des Ersten Weltkriegs in Sachen automatischer Gewehre nicht viel getan. Das Land war zu sehr mit den Bürden des Krieges beschäftigt. Erst nach dem Krieg nahmen einige Entwicklungen langsam Form an und auch das Militär begann, sich für diese Art von Waffen zu interessieren.

Das doppelläufige leichte Maschinengewehr Villar Perosa hatte sich im Krieg im infanteristischen Einsatz nicht bewährt und blieb größtenteils ungenutzt in den Depots liegen. Beretta und OVP nutzten die Gelegenheit und bauten diese Waffen in der Endphase des Kriegs zu einläufigen Maschinenpistolen um. Die Moschetto Automatico Beretta Mod 1918 (MAB 18) und Moschetto Automatico Revelli (MAR) waren zwar einsatztauglich, aber die schwache Patrone 9 mm M.915 limitierte die Einsatzreichweite und die Präzision.

Die staatlichen Waffenfabriken in Terni und Rom erhielten deshalb den Auftrag zur Entwicklung einer stärkeren Patrone und eines dazu passenden halbautomatischen Gewehrs. Anfang 1920 stellte die Fabbrica d'Armi Terni einen Prototyp vor, eingerichtet für eine experimentelle Patrone im Kaliber 7,35 x 32 mm. Die brachte es mit ihrem 135 Gramm schweren Spitzgeschoss auf eine Mündungsgeschwindigkeit von 610 m/s. Das Selbstladegewehr funktionierte als Rückstoßlader und verfügte über ein ansteckbares Stangenmagazin. Die Testkommission der italienischen Armee bestellte umgehend 200 Gewehre für einen umfangreichen Truppenversuch. Bereits kurze Zeit später waren die Waffen fertiggestellt und wurden sodann von März bis Mai auf Herz und Nieren geprüft. Das Ergebnis überzeugte die Kommission, und man sah Zukunftspotential in der nun Moschetto Automatico per Fanteria Modello 1921 (MAF 21) genannten Waffe. (»Fanteria« bedeutet Infanterie.) Mitte 1923 kam es zu einem Vergleichsschießen gegen das Konkurrenzmodell von der Waffenfabrik Rom (Kaliber 6,5 mm) und drei Maschinenpistolen, welches die MAF 21 für sich entscheiden konnte. Somit flossen auch wieder Fördergelder für eine Weiterentwicklung, und 1928 stellte die Waffenfabrik das verbesserte Modello 1921/28 vor. Die damit geplanten Versuche wurden dann aber nicht mehr durchgeführt. Zwischenzeitlich hatte das Projekt sein Budget überschritten und weitaus mehr Geld verschlungen, als zuvor absehbar war. Zudem wäre die Einführung einer völlig neuen Patrone eine enorme finanzielle Belastung für den Verteidigungshaushalt Italiens gewesen. Zu dieser Zeit begann Benito Mussolini mit dem Aufbau der fa-

Das Moschetto Automatico per Fanteria Modello 1921 war für eine experimentelle Patrone im Kaliber 7,35 x 32 mm eingerichtet. Doch die politischen Ereignisse verhinderten einen möglichen Erfolg.

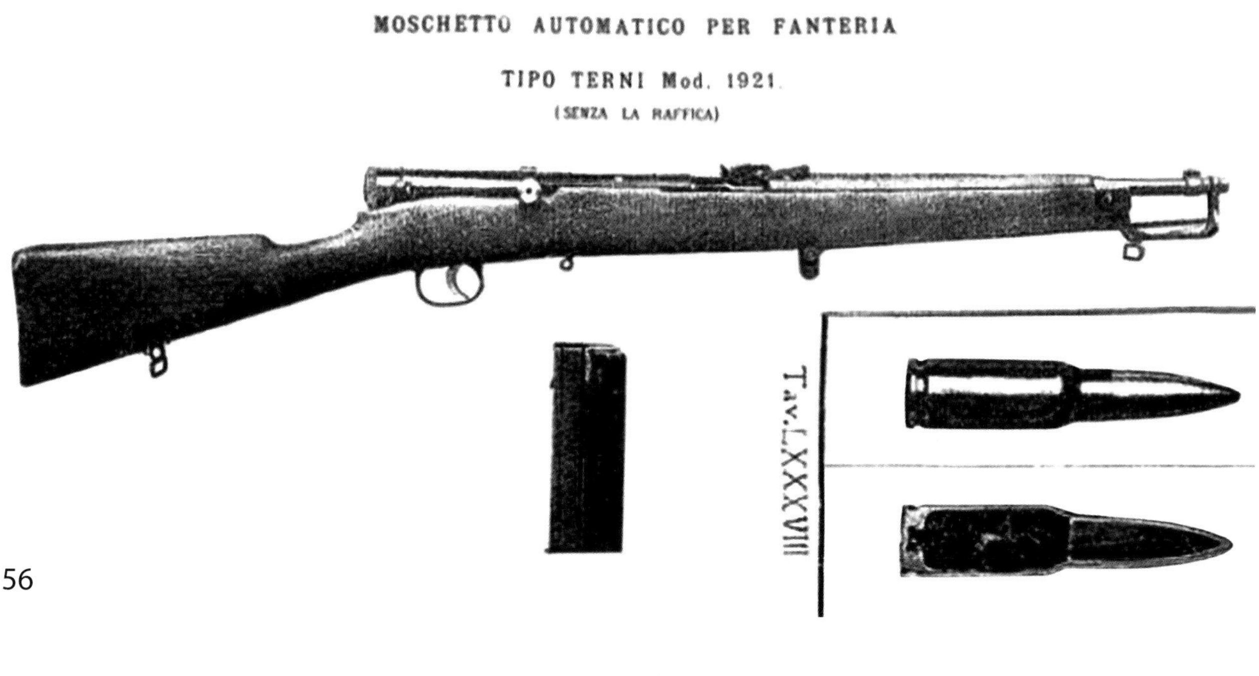

Außer mit dem fortschrittlichen Ansteckmagazin wurde auch mit seitlich zugeführten Ladestreifen experimentiert.

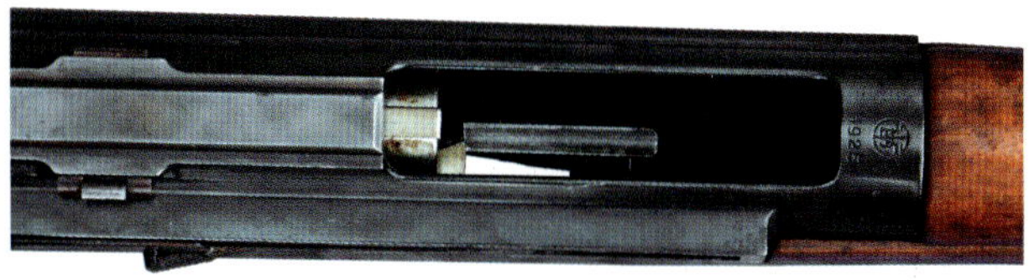

Die Patronen im Kaliber 6,5 x 52 mm wurden im Laderahmen geladen, welcher nach dem letzten Schuss nach unten herausfiel. [Ian McCollum / Forgotten Weapons]

Dieser Geradezugrepetierer von MBT sollte die Grundlage für ein Selbstladegewehr werden. Aber weder das italienische, noch das ausländische Militär zeigten Interesse daran. [Ian McCollum / Forgotten Weapons]

Äußerlich wirkt die Waffe schlank und übersichtlich. Der Spanngriff hätte sich bei der geplanten Halbautomatik-Ausführung beim Schießen nicht mitbewegt. [Ian McCollum / Forgotten Weapons]

schistischen Diktatur, und für die militärische Aufrüstung wurde bevorzugt auf bewährte Waffentechnik gesetzt. Die Fabbrica d'Armi Terni musste das Projekt daraufhin einstellen.

Den politischen Veränderungen fiel wohl auch eine andere Waffe zum Opfer: das MBT 1925. Die Metallurgica Brescia gia Tempini (MBT) hatte drei Prototypen eines selbst entwickelten Geradezugrepetierers im Kaliber 6,5 x 52 mm gefertigt und dem italienischen Verteidigungsministerium präsentiert. Die Waffen sollten als Grundlage für ein künftiges Selbstladegewehr dienen, von dem sich MBT einige technische Details 1926 schon vorsorglich patentieren ließ. Auch wäre der Umbau zu einer vollautomatischen Waffe möglich gewesen. Doch die Herstellungskosten waren sehr hoch, und nachdem mit dem italienischen Militär kein Geschäft zustande kam, versuchte man es im Ausland. Die Seriennummer 2 ging nach Norwegen, die Nummer 3 nach Russland. Als auch hier kein Interesse erkennbar war, endete die Entwicklung, und die Selbstladeausführung blieb nur auf dem Papier stehen. Übrigens kamen lange nach dem Ersten Weltkrieg die damals hergestellten vollautomatischen Moschetto Automatico Beretta Mod 1918 (MAB 18) zu neuen Ehren. Im Jahre 1930 legte Beretta nochmals Hand an und baute sie für die italienische und argentinische Polizei in halbautomatische Selbstladegewehre mit neuer Magazinzuführung von unten um. Die neue Bezeichnung lautete Moschetto Automatico Beretta Mod 1918/30 (MAB 18/30). Argentinien erwarb sogar die Nachbaurechte und fertigte neue Waffen unter der Modellbezeichnung Ballester-Rigaud C1.

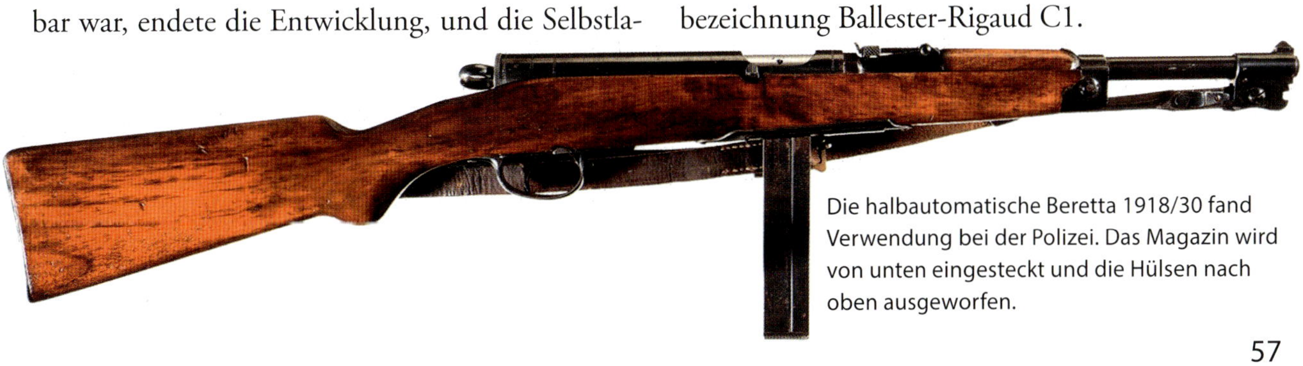

Die halbautomatische Beretta 1918/30 fand Verwendung bei der Polizei. Das Magazin wird von unten eingesteckt und die Hülsen nach oben ausgeworfen.

Scotti Modello X

Ein weiteres Selbstladegewehr, das ebenfalls in einer Kleinserie entstand, war das Scotti Modello X. Es wurde Anfang der 30er-Jahre von einem Team unter Leitung von Alfredo Scotti in dessen Firma Società Anonima Armi Automatiche Scotti, kurz Autoscotti, in Brescia entwickelt. Das X in der Modellbezeichnung steht dabei nicht etwa für eine Experimentalwaffe, sondern für das Jahr. Mit der Machtergreifung der Faschisten im Jahre 1922 führten die neuen Machthaber auch eine neue Zeitrechnung ein: Den ersten Tag des ersten Jahres der Era Fascista markierte die Vereidigung von Benito Mussolini zum Ministerpräsidenten am 29. Oktober 1922. Das X ist also eine römische 10, und die Modellbezeichnung bedeutet somit 1932.

Vorangegangen war ein Experimentalmodell Carabina Modello T.S. mit Pistolengriff hinter dem Abzug. Im Mai 1931 präsentierte Autoscotti dann das Modello IX, gefolgt ein Jahr später vom nochmals leicht verbesserten Modello X. Die Waffe entspricht vom Aufbau her einem Geradezugrepetierer mit einer Schubstange unter dem Lauf. Die Waffe schießt vom offenen Verschluss, das heißt, der Verschluss wird in seiner hinteren Stellung gefangen. Beim Betätigen des Abzugs schnellt er nach vorne und schiebt dabei eine Patrone aus dem Laderahmen in das Patronenlager, wo diese vom starren Schlagbolzen gezündet wird. Über eine Bohrung im Lauf wirkt der Gasdruck auf die darunterliegende Schubstange und drückt diese etwa zwei Zentimeter nach hinten. Dabei prallt sie gegen einen unten am hinteren Ende des Verschlusses angebrachten Haken. Durch den Stoß bewegt sich der Verschluss zurück und der Wiederladevorgang beginnt. Die Schubstange wird derweil von einer kleinen Feder wieder nach vorne gedrückt. Um den Patronenschacht nicht zu blockieren, teilt sich die Schubstange in der Mitte in zwei Arme, die links und rechts am Schacht vorbeiführen und dahinter wieder verbunden sind. Dieselbe Funktionsweise hatte Autoscotti auch bei deren schwerem 12,7-mm-Maschinengewehr und der automatischen 2-cm-Flugabwehrkanone verwendet.

Das Scotti Modello X stammt von der Firma Autoscotti in Brescia.

Laut Firmenunterlagen entstanden nur 250 Waffen für einen Truppenversuch. Dies hier ist die Seriennummer 30

Der Drehkopf des Verschlusses wird über Steuerkurven gedreht und verriegelt sicher im Patronenlager. Erst durch die Drehung rutscht er ein Stückchen zurück und lässt die Schlagbolzenspitze hervortreten. Diese Sicherheitseinrichtung gewährleistet eine Zündung der Patrone nur in voll verriegeltem Zustand. Das Modello X ist für die 6,5 x 52 mm Carcano-Patrone eingerichtet und verwendet auch deren Patronenrahmen. Er wird von oben in die Waffe geladen und fällt nach Verschuss der letzten Patrone nach unten heraus. Als Sicherung kann der Abzugsbügel leicht nach vorne gedrückt werden. Er blockiert dann den Verschluss. Drückt man ihn noch weiter vor, schnellt der Verschluss nach vorne, ohne eine Patrone mitzunehmen, da der Laderahmen so weit abgesenkt wird, dass der Verschluss darübergleitet.

Das Zerlegen geschieht im Vergleich zu anderen frühen Selbstladegewehren durchaus einfach: Nach Eindrücken einer gefederten Sperre lässt sich die Endkappe abschrauben. Sie besitzt innen eine Führungsstange, auf der die Schließfeder sitzt. Nun kann der Verschluss nach hinten herausgezogen werden. Unter einer Klappe in der Schaftkappe ist das Reinigungszeug verstaut.

Zur Vereinfachung der Fertigung kaufte Autoscotti von der Waffenfabrik in Terni diverse Serienteile wie Lauf, Patronenschacht, Schaftkappe und Visiereinrichtung vom Carcano Mod.91 hinzu. Nur der Rest, wie etwa Gehäuse, Holzschaft und Verschluss, wurde neu gefertigt. Autoscotti ließ sein Modello X beim bekannten Waffenhersteller Serafino a Andrea Eredi Gnutti in Lumezzane nördlich von Brescia produzieren. Laut Firmenunterlagen entstanden dort 1933 für einen Truppenversuch 250 Exemplare. Zwei weitere Varianten, einmal als Sportwaffe und einmal im Kaliber 7,92 x 57 mm, blieben nur Prototypen. Für das Jahr 1936 wird noch ein Modello XIV erwähnt.

Das X steht in der faschistischen Zeitrechnung für das Jahr 1932. Der Lauf und andere Teile wurden von der Waffenfabrik in Terni zugekauft.

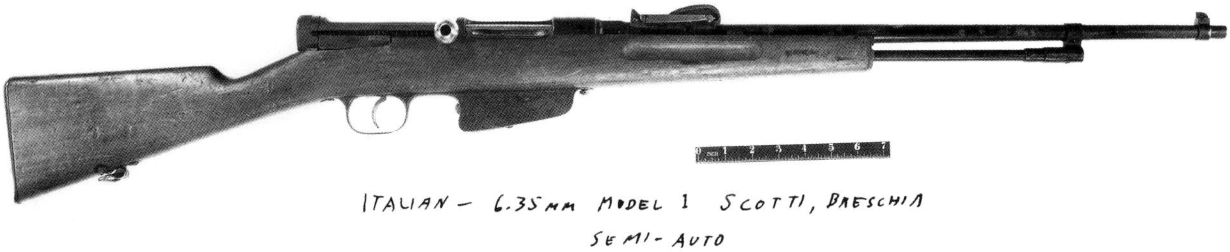

Die Amerikaner untersuchten ein Scotti X in Aberdeen, wo dieses Foto entstand. Der fehlende Vorderschaft gewährt einen Blick auf die Gasentnahme und die lange Schubstange unterhalb des Laufs.

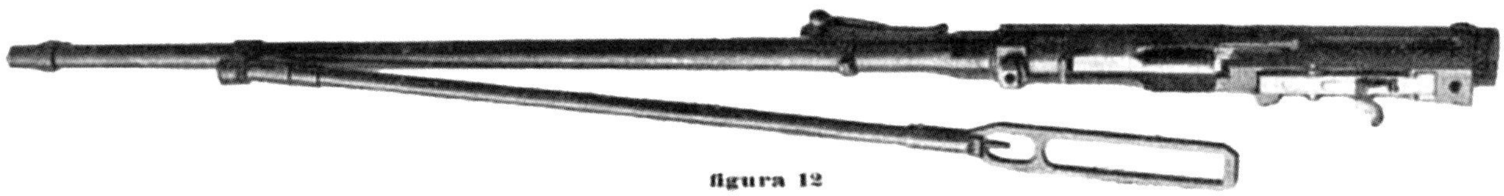

Das Handbuch zeigt die Form der Schubstange, die hinten um den Magazinschacht herumführt.

Das Scotti X im Anschlag (Abbildung aus dem Handbuch).

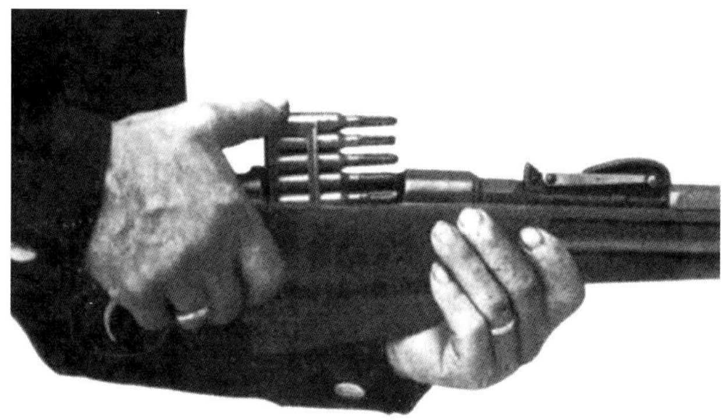

Befüllen der Waffe mittels Laderahmen mit sechs Patronen im Kaliber 6,5 x 52 mm.

Nach dem letzten Schuss bleibt der Verschluss offen und der leere Laderahmen fällt nach unten heraus.

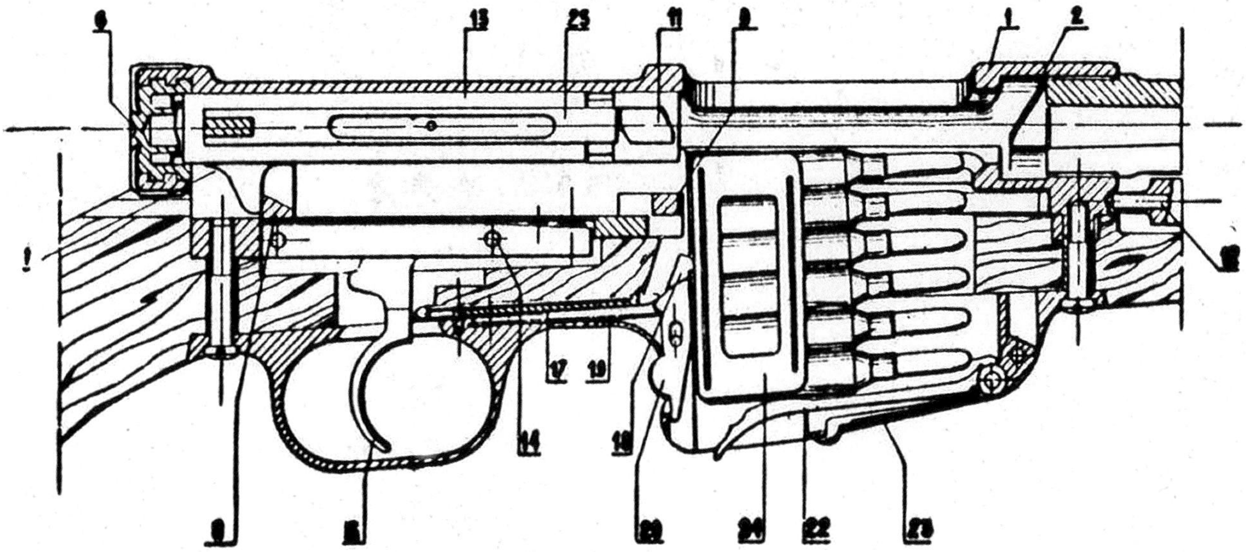

Schnittzeichnung des Scotti X. Drückt man den Abzug nach vorne, senkt sich der Laderahmen etwas ab und der Verschluss gleitet darüber hinweg, ohne eine Patrone mitzunehmen.

Eine größere Anzahl der Versuchswaffen erprobte die italienische Armee unter Einsatzbedingungen 1935/36 im Abessinienkrieg (heutiges Äthiopien). Über die Ergebnisse ist leider nichts bekannt. 1939 fand nochmals ein Vergleichsschießen mit Armaguerra Mod. 39 und Breda Mod. 1935 PG statt. Dabei unterlag die Waffe von Scotti beim Schießen im verschmutzten Zustand. Die Waffen verblieben jedoch in den Depots und im Zweiten Weltkrieg kamen noch einige dieser Truppenversuchswaffen zum Einsatz.

Technische Daten: Scotti Modello X	
Hersteller:	Serafino a Andrea Eredi Gnutti
Produktionszeit:	1932–1933
Kaliber:	6,5 x 52 mm
Länge:	1114 mm
Lauflänge:	610 mm
Gewicht (ungeladen):	4,05 kg
Magazinkapazität:	6 Patronen im Laderahmen
Feuerrate:	42 Schuss/min

Armaguerra Modello 39

Am Vorabend des Zweiten Weltkriegs führte die italienische Armee tatsächlich noch ganz offiziell ein Selbstladegewehr ein: das Fucile Armaguerra Modello 39. Im Jahr 1938 hatte in den italienischen Streitkräften die Umstellung auf die Carcano-Modelle 91/38 im stärkeren Kaliber 7,35 x 51 mm begonnen. Zudem suchte die Armee als Ergänzung der Bewaffnung auch ein Selbstladegewehr im neuen Kaliber.

Die Società Anonima Revelli Manifattura Armaguerra aus Genua legte für ein Versuchsschießen im Frühjahr 1939 einen von Gino Revelli, einem Sohn des bekannten Waffenkonstrukteurs Abiel Bethel Revelli di Beaumont, konstruierten Prototyp vor. Ihren Namen erhielt die Waffe übrigens vom Telegraphencode der Firma Armaguerra. Technisch ist die Konstruktion als Rückstoßlader ausgelegt. Das Gewehr verfügt über zwei Riemenösen, von denen die vordere gleichzeitig als Spanngriff dient. Der Schütze packt den Riemen nahe der Öse, drückt einen gefederten Entriegelungsknopf ein und zieht dann die Öse mitsamt Verschluss nach hinten. Die Patronenzufuhr erfolgt aus einem Standard-Patronenrahmen für sechs Patronen. Er wird von oben in die Waffe geladen und fällt nach Verschuss der letzten Patrone nach unten heraus. Danach bleibt der Verschluss in seiner hinteren Stellung stehen und ermöglicht ein rasches Nachladen. Vor dem Abzugsbügel befindet sich der Verschlussfangknopf, der allerdings mit großer Vorsicht zu benutzen ist. Der Verschluss läuft nur nach vorne, wenn der Zubringer heruntergedrückt ist, zum Beispiel mit dem Finger. Dann aber rauscht er mit hoher Geschwindigkeit vorwärts.

Beim Schießen konnte sich das Modell 39 gegen die Konkurrenz behaupten, und die Testkommission bestellte daraufhin 10 000 Stück. Das war ein großer Erfolg, aber auch ein Problem, denn die Betriebsgebäude in Genua waren zur Erfüllung eines solchen Auftrags schlichtweg zu klein. Die Firma erwarb deshalb zusätzlichen Grund in Cremona und errichtete dort eine neue Fabrik. Doch noch während der Einrichtung der Serienfertigung stornierte die Armee plötzlich ihre Bestellung. Italien

Mit dem Modell 1939 hätte die italienische Armee modernisiert werden sollen. Doch aus den bestellten 10 000 Stück wurde nichts. Diese Waffe aus dem Jahre 1940 trägt die Seriennummer 7.

Bestempelung des Gehäuses, unter anderem mit Herstellungsjahr 1940-XVIII.

war nämlich am 10. Juni 1940 mit seinen Kriegserklärungen an Großbritannien und Frankreich auf der Seite der Achsenmächte in den Zweiten Weltkrieg eingetreten. Die landeseigenen Fertigungskapazitäten reichten nicht aus, um den Austausch aller Carcanos auf das neue Kaliber in absehbarer Zeit abzuschließen. Außerdem sorgte sich die Armee um eine zuverlässige Munitionsversorgung bei zwei verschiedenen Kalibern im Frontgebrauch.

Zur Vermeidung von Verwechslungen wurde auch die Kaliberangabe 6,5 auf die Waffe gestempelt.

Und so wurde sämtliche Waffenproduktion im neuen Kaliber gestoppt und wieder auf das alte Standardkaliber 6,5 x 52 mm zurückgeführt. Gino Revelli machte sich sodann wieder an die Arbeit und änderte das Kaliber seiner Waffe ebenfalls auf 6,5 mm. Die Fertigung lief schleppend an und im Juni 1942 führte die Armee nur ungefähr 100 Stück in ihrem Bestand. Kurz darauf endete die Fertigung, und die Fabrik Cremona rüstete komplett auf die Herstellung des Carcano-Modells 1891 um. Das Armaguerra Modello 39 war einfach zu einem denkbar ungünstigen Zeitpunkt entstanden.

Auf dieses Exemplar (Seriennummer 7) hat der Hersteller eine Plakette am Kolben geschraubt. Eventuell war es eine Vorführwaffe oder ein Schaustück.

Technische Daten: Fucile Armaguerra Modello 39	
Hersteller:	Società Anonima Revelli Manifattura Armaguerra
Produktionszeit:	1939–1942
Kaliber:	7,35 x 51 mm und 6,5 x 52 mm
Länge:	1170 mm
Lauflänge:	600 mm
Gewicht (ungeladen):	3,7 kg
Magazinkapazität:	6 Patronen im Laderahmen

Breda Modello P.G.

In den Jahren vor dem Zweiten Weltkrieg arbeitete auch die bekannte Rüstungsschmiede Società Italiana Ernesto Breda per Costruzioni Meccaniche (SIEB) in Brescia an einem automatischen Gewehr. Die italienischen Streitkräfte hatten von Breda bereits das leichte Maschinengewehr Mod. 30 sowie Maschinenkanonen und Geschütze im Einsatz. Bredas Chefkonstrukteur Sestilio Fiorini entwarf mit dem Moschetto Automatico Breda Modello P.G. (= Presa Gas) einen aufschießenden Gasdrucklader im Kaliber 6,5 x 52 mm.

Insgesamt betrachtet ist die Waffe ziemlich kompliziert aufgebaut, teuer in der Herstellung und unter Feldbedingungen schwierig zu reinigen oder gar zu reparieren. Über Bohrungen im Lauf nahe der Mündung wirkt der Gasdruck auf ein bewegliches Rohr, welches um den Lauf herum anliegt und in seinem hinteren Ende in eine Schubstange übergeht. Um das Rohr herum liegt ein weiteres Rohr als Schutz. Dieses trägt auch das Korn. Über eine Klappe an der Unterseite des Vorderschafts ist die Schließfeder zugänglich. Der zweiteilige Verschluss besitzt nur eine zentrale Verriegelungswarze auf seiner Oberseite. Das Kopfstück wird über seitliche Führungsschienen im Gehäuse angehoben und verriegelt in seiner vorderen Stellung über diese eine Warze in einer Ausnehmung im Gehäuse. Die Munitionszufuhr erfolgte aus ansteckbaren Magazinen mit 20, 30 und 50 Schuss Kapazität. Die Magazinlippen erstrecken sich nur über etwa ein Viertel der Magazinlänge. Der restliche Lippenteil ist permanent im Waffengehäuse integriert. Dadurch versprach man sich wohl weniger Zuführungsstörungen durch verbogene Magazinlippen. Der Löseknopf ist rechts am Magazinschacht angebracht.

Das Breda P.G. (Presa-Gas) war in Italien kein Erfolg, aber Costa Rica konnte sich dafür begeistern. Auf Wunsch der dortigen Militärs wurde sie zur ersten Waffe mit Feuerstoß-Automatik.

Seitlich am Magazinschacht liegt der Drücker zum Entriegeln des Magazins. Die übergroßen Öffnungen im Magazin waren keine gute Idee.

Hinten am Gehäuse befindet sich ein Pufferelement mit starker Feder. Es muss entriegelt und nach oben herausgezogen werden, dann ist der Weg frei zur Entnahme des Verschlusses. [Ian McCollum / Forgotten Weapons]

Die italienische Armee fand bei der Erprobung keinen Gefallen an der Waffe.

Breda bot daraufhin seine Waffe auf dem internationalen Markt an und konnte schließlich Costa Rica als Kunde gewinnen. Hierfür musste die

Die Waffe trägt die Breda-Seriennummer 300. Oben auf das Gehäuse stempelte Costa Rica eine eigene Inventarnummer, wie hier die 7.

Konstruktion allerdings geändert werden, denn außer einem Wechsel auf das in Lateinamerika weit verbreitete Kaliber 7 x 57 mm Mauser wurde auch eine komplexe Feuerwahlmöglichkeit gewünscht. Zusätzlich zur halbautomatischen Funktion sollte die Waffe auch Vier-Schuss-Feuerstöße abgeben können. Breda änderte hierfür die Funktionsweise, und die Waffe schoss nun vom offenen Verschluss. Das ist natürlich für einen Einsatz unter widrigen Bedingungen nicht optimal, da leicht Schmutz in das System gelangen kann. Zwar besitzt das Breda PG einen massiven gefrästen Staubschutzdeckel, doch der schützt den Verschluss nur im entspannten Zustand in vorderer Stellung. Beim Spannen wird der Deckel zurückgeschoben und rastet hinten ein. Er bewegt sich also beim Schießen nicht mit, und der Schütze muss seine feuerbereite Waffe mit offenem Verschluss durch den Dschungel Costa Ricas tragen.

Der Mechanismus für die Feuerstoßregelung ist eine interessante Konstruktion. Über dem Abzug befindet sich ein drehbar gelagertes Zahnrad. Beim Rücklauf des Verschlusses drückt dieser eine in die Verschlussbahn ragende gefederte Stange nach unten, die wiederum auf einen Zahn des Zahnrads trifft. Das Rad bewegt sich um eine Stellung weiter und die Stange geht wieder nach oben. Dieser Vorgang wiederholt sich solange, wie der Abzug gedrückt bleibt oder vier Schuss abgefeuert sind. Danach springt der Abzugsstollen hoch und fängt den Verschluss. Der Mechanismus funktio-

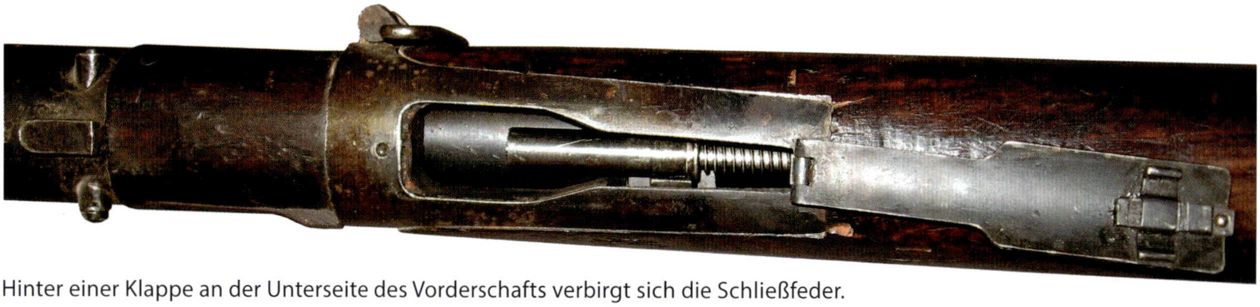

Hinter einer Klappe an der Unterseite des Vorderschafts verbirgt sich die Schließfeder.

Der Feuerwahlhebel liegt direkt hinter dem Abzug. Je nach Stellung kann der Abzug mehr oder weniger weit durchgezogen werden.

niert sehr zuverlässig. Allerdings gibt es einen Nachteil: Das Zahnrad beginnt nicht grundsätzlich neu zu zählen. Lässt der Schütze den Abzug bereits nach weniger als vier Schüssen los, dann schießt die Waffe beim nächsten Feuerstoß nur noch die restliche Anzahl. Erst danach beginnt wieder eine neue Zählung bis vier. Somit ist der erste Feuerstoß für den Schützen immer eine Überraschung, da er nicht weiß, in welcher Stellung das Zahnrad steht. Der Feuerwahlhebel ist direkt hinter dem Abzug platziert und schränkt seine Beweglichkeit ein. Je nach Position kann der Abzug ganz durchgezogen werden (Feuerstoß), nur ein bisschen (Einzelfeuer) oder gar nicht (Sicher). Die Regierung Costa Ricas zeigte sich zufrieden und bestellte 400 Stück. Auf die angepasste Bajonetthalterung passte jetzt auch das Standardbajonett der dortigen Gewehre.

Die Mündung mit der komplizierten Gasentnahme. Man beachte die Seriennummer 300.

Die hier abgebildete Waffe mit der Seriennummer 300 trägt die costa-ricanische Inventarnummer 7. Sie wurde Ende der 70er-Jahre in Aberdeen Proving Ground bei der Entwicklung der Feuerstoßmechanik für die Version A2 des Sturmgewehrs M16 verwendet. Die US Army wollte auf diese Weise Munitionsverschwendung durch Dauerfeuer verhindern und gleichzeitig eine wirkungsvollere Trefferlage ermöglichen. Wie beim Breda PG arbeitet auch im M16A2 ein Zahnrad und unterbricht das Schießen nach drei Schuss. Und ebenso zählt es nicht mit – der erste Feuerstoß bleibt auch hier eine Überraschung.

Die Amerikaner untersuchten das Breda P.G. in Aberdeen Proving Ground in allen Details. Über dem Abzug liegt das Zahnrad der innovativen Feuerstoß-Mechanik.

Technische Daten: Breda Modello P.G.	
Hersteller:	Breda Meccanica Bresciana
Produktionszeit:	1935–1940
Kaliber (Italien):	6,5 x 52 mm
Kaliber (Costa Rica):	7,35 x 51 mm
Magazinkapazität:	20 und 40 Patronen

Pavesi

Eine Randerscheinung, wenn auch eine interessante, bilden die Selbstladegewehre von Giuseppe Pavesi. Viel ist über die Entwicklungsgeschichte und den Konstrukteur nicht bekannt. Aber mit dem ungewöhnlichen Kaliber 8 x 59 mm fallen sie ziemlich aus dem Rahmen des Üblichen. Die Patrone wurde nämlich ursprünglich von Breda für schwere Maschinengewehre entwickelt und 1935 eingeführt.

Pavesi ließ seine Waffen bei der Fabbrica Nazionale d'Armi (FNA) in Brescia herstellen. Nur wenige Einzelstücke sind bekannt und alle unterscheiden sich. Und obwohl eine Waffe die Nummer 875 trägt, darf eine Serienfertigung getrost ausgeschlossen werden. Zumal in dieser Größenordnung.

Einer dieser Prototypen ist bestempelt mit »ARMA PAVESI-FNA BREVETTO N.365273« und »Semiautomatico cal.8 - mod. 1942 – xx – Brescia«. »Brevetto« bedeutet Patent, aber bislang konnte noch kein Patent zu dieser Nummer gefunden werden. Dieses Modello 1942 arbeitet als Gasdrucklader mit einem kurzen Gaskolben. Der drehbare Verschlusskopf verriegelt über vier Warzen im Gehäuse. Wie im damaligen Italien üblich, erfolgt die Munitionszufuhr aus einem Laderahmen. Nach Verschuss der letzten Patrone fällt dieser nach unten heraus, und der Verschluss bleibt in offener Stellung stehen. Beim zweiteiligen Vorderschaft besteht das Oberteil zu zwei Dritteln aus dünnem Blech. Auffällig sind die vielen Bohrungen zur Kühlung des Laufs.

Obwohl Selbstladegewehre konstruktionsbedingt schon einen verminderten Rückstoß aufweisen, schraubte Pavesi eine Mündungsbremse mit drei großen seitlichen Öffnungen auf den Lauf. Die 8-mm-Patrone brachte es auf eine Mündungsgeschwindigkeit von annähernd 800 m/s. Ebenfalls vorhanden ist die damals noch unverzichtbare Bajonetthalterung. Das Schiebevisier reicht bis 700 Meter. Eine Sicherung, die den Abzug blockiert, ist auf der Unterseite der Waffe zwischen Patronenschacht und Abzugsbügel platziert.

Eine weitere Waffe Pavesis ist bis auf die Nummer 875 unbestempelt. Sie scheint aber erst nach dem Modello 1942 entstanden zu sein. Auf den ersten Blick könnte man das Gewehr für einen russischen Selbstlader SVT40 mit einigen kosmetischen Veränderungen halten. Ob und in wie weit sich Pavesi vom Russen hat beeinflussen lassen, ist unklar, aber diese Ähnlichkeit wäre schon ein arger Zufall. Die Waffe wird auch nicht mehr per Laderahmen geladen. Bis zu zehn Patronen lassen sich von oben einzeln oder aus einem Ladestreifen in ein Blechmagazin drücken. Dieses lässt sich zwar zum Reinigen abnehmen, ist aber nicht wie heute üblich als Wechselmagazin gedacht gewesen, sondern verbleibt im Einsatz permanent an der Waffe.

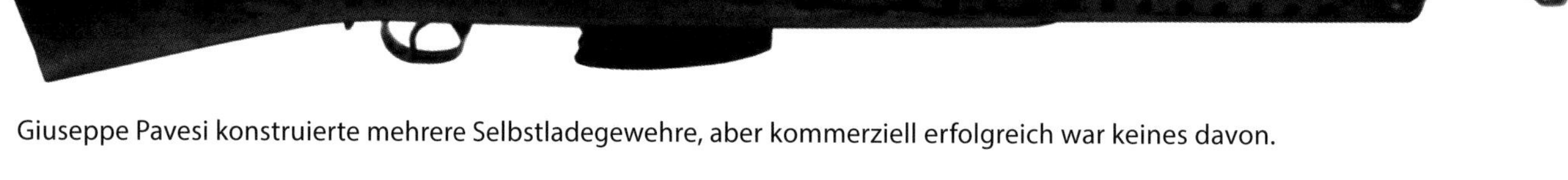

Giuseppe Pavesi konstruierte mehrere Selbstladegewehre, aber kommerziell erfolgreich war keines davon.

Der Vorderschaft ist zur besseren Kühlung auf allen Seiten mit Bohrungen versehen. [Ian McCollum / Forgotten Weapons]

Die starke Patrone machte eine Mündungsbremse notwendig. [Ian McCollum / Forgotten Weapons]

Modellbezeichnung auf dem Gehäuse: Semiautomatico cal.8 - mod. 1942 – xx – Brescia. [Ian McCollum / Forgotten Weapons]

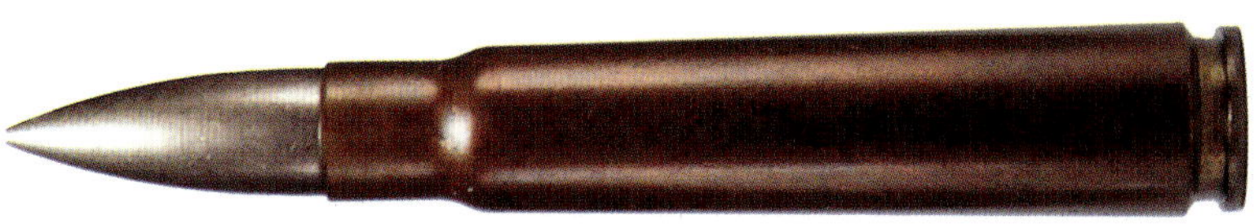

Die Patrone im Kaliber 8 x 59 mm stammt von Bredas schwerem Maschinengewehr.

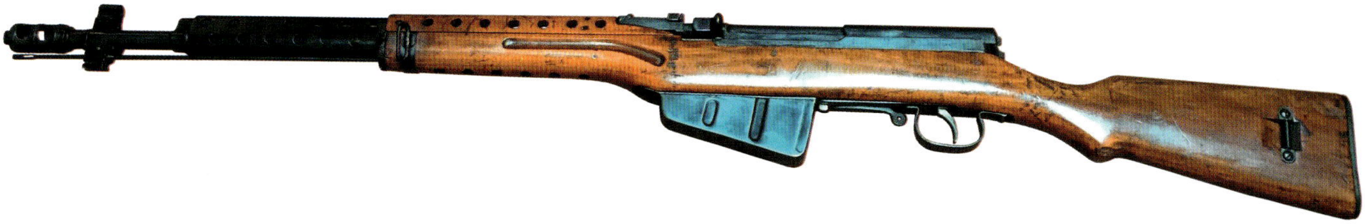

Ein Pavesi-Prototyp mit der ungewöhnlich hohen Seriennummer 875. Die Patronen werden ohne Laderahmen von oben ins Magazin gedrückt. [Ian McCollum / Forgotten Weapons]

Der Hersteller ist auf der Hülse zu finden: ARMA PAVESI-FNA BREVETTO N.365273. [Ian McCollum / Forgotten Weapons]

Blick auf den Verschluss mit seinen vier massiven Verriegelungswarzen. Die Waffe wurde mit den üblichen Laderahmen geladen. [Ian McCollum / Forgotten Weapons]

Zum Spannen fasst der Schütze den Verschluss mit zwei Fingern an den seitlichen Haken und zieht ihn zurück. [Ian McCollum / Forgotten Weapons]

Anstelle des Spanngriffs besitzt der Verschluss zwei seitliche Haken, an denen er mit den Fingern gepackt und zurückgezogen werden kann. Das verhindert zum einen eine einseitige Belastung und ermöglicht andererseits eine Bedienung von beiden Seiten. Das Schiebevisier reicht jetzt bis 1200 Meter, und die Mündungsbremse besitzt beidseitig jeweils zwei kleinere Öffnungen. Der Kornsockel bildet eine Einheit mit dem Bajonetthalter, der gleichzeitig auch als vordere Halterung für den Putzstock dient. Der Sicherungshebel vor dem Abzugsbügel wurde beibehalten.

Die hohe Seriennummer regt zu Spekulationen über die hergestellte Stückzahl an. Aber nüchtern betrachtet dürften nur ein paar Prototypen entstanden sein. Zum damaligen Zeitpunkt ging es im Afrikafeldzug rückwärts und im Juli 1943 landeten die Alliierten auf Sizilien. Die italienische Rüstungsindustrie war voll ausgelastet und die Herstellung von fast eintausend Stück eines neuen Selbstladegewehrs für Truppenversuche erscheint unter diesen Umständen doch sehr unwahrscheinlich zu sein.

Der Gaskolben liegt im Visiersockel und trifft über dem Patronenlager auf den Verschlussträger. [Ian McCollum / Forgotten Weapons]

Technische Daten: Pavesi Modello 1942	
Hersteller:	Fabbrica Nazionale d'Armi (FNA)
Produktionszeit:	1942
Kaliber:	8 x 59 mm
Länge:	1200 mm
Lauflänge:	600 mm
Gewicht (ungeladen):	4,26 kg
Magazinkapazität:	6 Patronen im Laderahmen

Russland

Awtomat Fjodorowa

In der Nacht vom 8. auf den 9. Februar 1904 begann mit dem Angriff des japanischen Kaiserreichs auf den Hafen von Port Arthur der Russisch-Japanische Krieg. Russland hatte die strategisch günstig liegende Siedlung zusammen mit der Halbinsel Liaodong von China gepachtet. Doch die Rivalität mit Japan um den Einfluss in der Mandschurei und Korea führte schließlich zum Krieg, der nach einer Reihe verlustreicher Schlachten im Sommer 1905 mit der Niederlage des russischen Kaiserreichs endete.

Die Erfahrungen aus diesem Waffengang änderten die Sichtweise der Armeeführung hinsichtlich der Infanteriebewaffnung. Man wünschte sich mehr Feuerkraft. Und so begann im Jahre 1906 unter anderem der damals 32-jährige Wladimir Grigorjewitsch Fjodorow, ein Absolvent der Artillerieakademie Mikhailovskaya in St. Petersburg, mit den Arbeiten an einem Selbstladegewehr. Als Assistent diente ihm ein junger Techniker namens Vasily Degtyaryov, welcher später einmal das bekannte leichte MG DP-28 und die Panzerbüchse PTRD konstruieren sollte.

Fjodorow baute einen Rückstoßlader mit starrer Verriegelung für die Ordonanzpatrone im Kaliber 7,62 x 54 mm R. Nach mehreren Anfangsschwierigkeiten wurde der erste zuverlässig funktionierende Prototyp 1911 fertiggestellt und sogleich von der Gewehrprüfungskommission begutachtet. Die Waffe besaß ein per Ladestreifen von oben befüllbares internes Magazin. Die Kommission erkannte das Potential der Waffe und bestellte 150 Stück für einen kleinen Truppenversuch. Zur gleichen Zeit experimentierte Fjodorow auch mit eigenen randlosen Patronen mit verbesserten ballistischen Eigenschaften in den Kalibern 6,5 und 7 mm. Insbesondere der fehlende Rand erhöhte die Zuverlässigkeit der Munitionszuführung in automatischen Waffen um ein Vielfaches. Letztendlich entwickelte er die Patrone 6,5 x 50 mm und richtete sein Selbstladegewehr dafür ein. Die Armee testete 1913 einige davon mit guten Ergebnissen. Es folgte eine Bestellung über 20 Gewehre und 200 000 Stück der neuen Patrone für eine vergleichende Truppenerprobung mit beiden Kalibern.

Fjodorows Waffe schien eine erfolgreiche Zukunft bevorzustehen. Doch wie so oft stellte sich der Entwicklung einer vielversprechenden Waffe der Konservatismus von Regierung und Teilen der Militärführung entgegen. Selbst Zar Nikolaus II. sprach sich gegen die Einführung eines automatischen Gewehres aus. Der Hauptgrund war die Sorge um einen enormen Munitionsverbrauch und mögliche Nachschubschwierigkeiten mit der neuen Patrone. Mit Ausbruch des Ersten Weltkriegs wurden alle Arbeiten an den Selbstladegewehren eingestellt.

Der Awtomat Fjodorowa im Kaliber 6,5 mm war Russland erstes in Serie gefertigtes automatisches Gewehr.

Wladimir Fjodorow (Mai 1874 – September 1966) wurde 1918 technischer Direktor der ersten russischen Gewehr- und Maschinengewehrfabrik in Kowrow.

Fjodorow selber reiste im Frühjahr 1915 als Militärbeobachter nach Frankreich. Schwer beeindruckt von den taktischen Einsatzmöglichkeiten und der Feuerkraft des leichten Maschinengewehrs vom Typ Chauchat reifte in ihm der Entschluss, auch sein eigenes Gewehr für vollautomatisches Schießen einzurichten. Zwischenzeitlich hatte sich auch die Meinung in der militärischen Führung zu seinen Gunsten geändert, und nach seiner Rückkehr im Januar 1916 machte er sich sogleich an die Arbeit. Das neue Modell erhielt einen um 28 cm kürzeren Lauf, eine modifizierte Abzugsvorrichtung mit Feuerwahlschalter beim Abzugsbügel und ein Ansteckmagazin für 25 Patronen.

Die Waffe arbeitete als vollautomatischer Rückstoßlader mit starrer Verriegelung und kurz zurückgleitendem Lauf. Die Verriegelung kam durch zwei Schwenkriegel zustande, die mit ihren Verriegelungsansätzen in Aussparungen im Verschluss griffen. Nach dem Schuss bewegte sich der Verschluss zusammen mit dem Lauf gemeinsam zurück; dabei wurde das hintere Ende der Schwenkriegel nach unten gedrückt. Sobald der Verschluss frei war, stoppte der Lauf, der Verschluss lief allein zurück, warf die leere Hülse aus und spannte den Hahn. Danach drückten Rückholfedern Verschluss und Lauf wieder in ihre vordere Position, wo sie durch die Schwenkriegel wieder verbunden wurden.

Ein Problem bereitete allerdings die Munition: Aus Kapazitätsmangel konnte Fjodorows 6,5-mm-Patrone in Kriegszeiten nicht in Massen hergestellt werden. Die Lösung des Problems war einfach wie genial: Durch einen speziellen Einsatz, der in das Patronenlager eingebaut wurde, konnte das Gewehr die Patronen des japanischen Arisaka-Gewehrs im Kaliber 6,5 x 50 mm HR verschießen. Die Arisaka-Patrone war zum einen durch Käufe über Großbritannien und zudem aus erbeuteten japanischen Beständen in großen Mengen vorhanden. Sie ähnelte stark Fjodorows eigener Patrone. Die japanische Patrone war deutlich schwächer als die russische 7,62 x 54 R und besaß einen die Zuführung nicht beeinträchtigenden Halbrand.

Noch im selben Jahr bestellte die Armee 25 000 Stück des neuen Modells. Ihre Feuertaufe erlebte Fjodorows Waffe als Frontversuch beim 189. Ismail Infanterie-Regiment an der rumänischen Front. Die erwarteten Rückmeldungen kamen jedoch nicht, denn das Regiment ging während der erfolglosen Kerenski-Offensive gegen die Mittelmächte im Juli 1917 unter. Die Fertigung lief im von inneren Unruhen gebeutelten Russland nur schleppend an. Es fehlte an Maschinen, Rohstoffen und qualifizierten Arbeitern. Viele Einzelteile waren handangepasst und nicht austauschbar. Auch erhielten die Soldaten aus Mangel nur ein einziges Magazin,

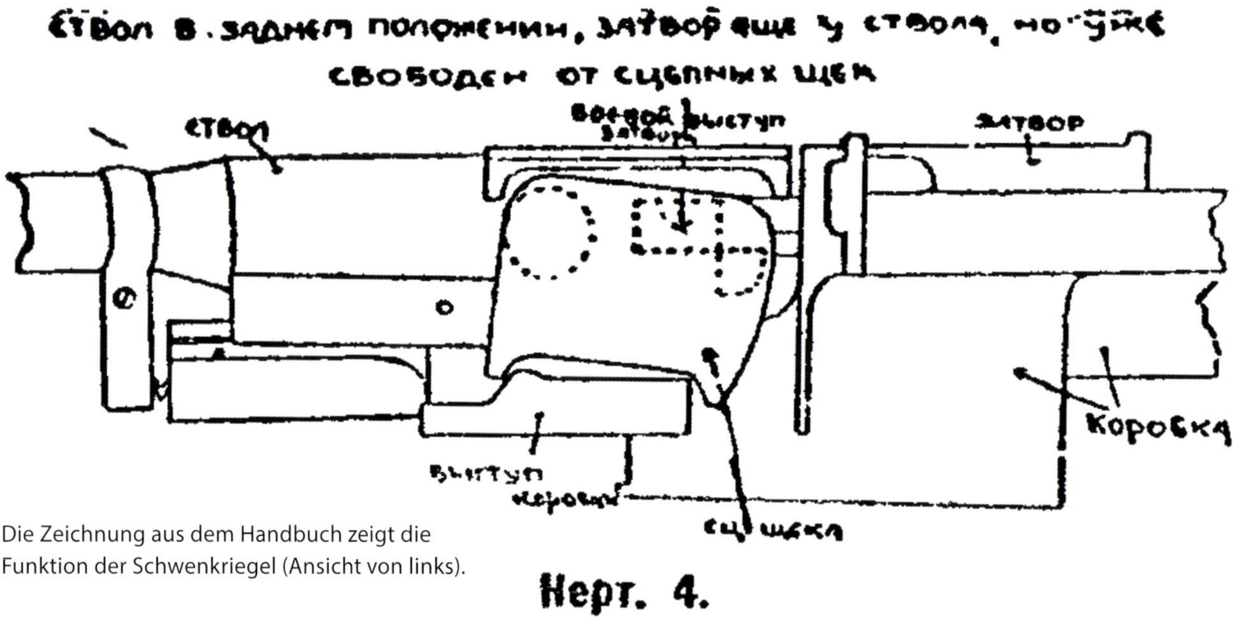

Die Zeichnung aus dem Handbuch zeigt die Funktion der Schwenkriegel (Ansicht von links).

Nach dem letzten Schuss bleibt der Verschluss offen. Jetzt kann der Schütze entweder das Magazin wechseln oder Patronen per Ladestreifen von oben einfüllen.

Das Visier lässt sich bis auf sehr optimistische 2000 Meter einstellen.

welches permanent an der Waffe verblieb und von oben über Ladestreifen gefüllt wurde. Mit dem Zusammenbruch des Zarenreichs endete die Fertigung bereits nach einigen Dutzend Exemplaren wieder. Ein neuer Anlauf wurde 1920 unternommen und die Erste russische Gewehr- und Maschinengewehrfabrik in Kowrow erhielt einen Auftrag über 9000 Stück. Wladimir Fjodorow war seit Januar 1918 technischer Direktor dieses Werkes. Seine Waffe trug nun die offizielle Bezeichnung »Awtomat Fjodorowa«, und nach einigen Schwierigkeiten begann die Serienfertigung im Folgejahr. Die Einsatzberichte von der karelischen Front waren durchweg positiv und 1923 ging sogar ein 46-seitiges Handbuch in den Druck. Doch ein Jahr später kam die große Wende: Zur Vereinheitlichung der Munition

Ein seltenes Einsatzfoto des Awtomat Fjodorowa beim 189. Ismail Infanterie-Regiment.

Im Jahre 2016 ehrte Russland den Awtomat Fjodorowa mit einer eigenen Briefmarke.

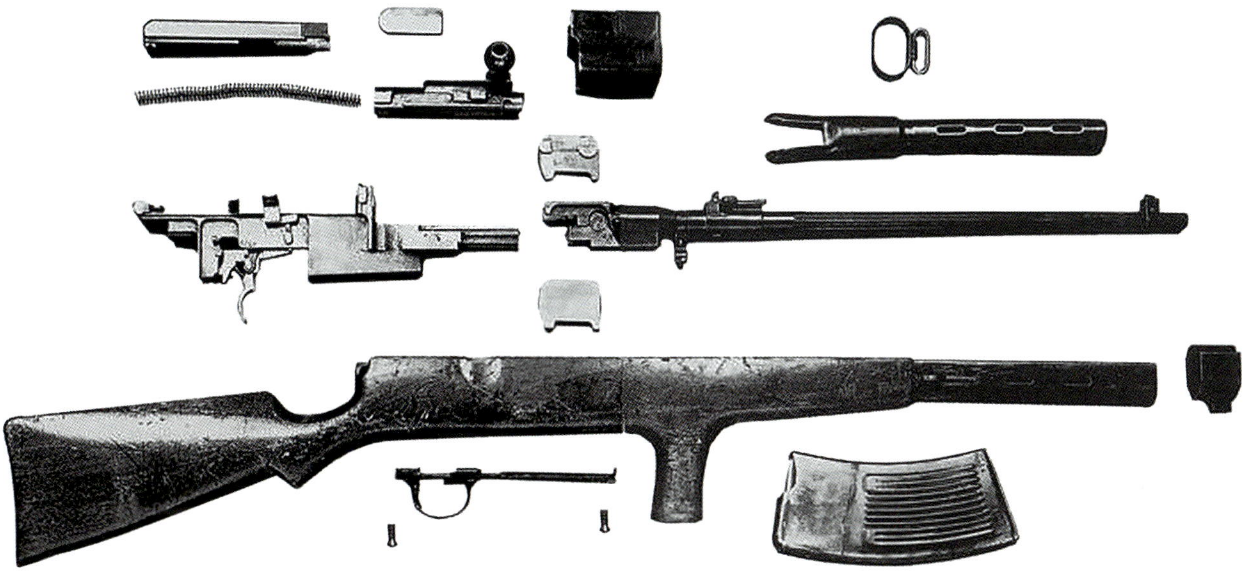

Der Awtomat Fjodorowa in seine Hauptbestandteile zerlegt. In der Mitte liegen die beiden Schwenkriegel.

und Erleichterung beim Nachschub durften künftig alle automatischen Waffen nur noch für das Kaliber 7,62 x 54 R eingerichtet sein und alle Waffen für ausländische Kaliber mussten ausgesondert werden. Somit endete die Fertigung des Awtomat Fjodorowa im Oktober 1925 nach 3200 Stück.

Technische Daten: Awtomat Fjodorowa	
Hersteller:	Waffenfabrik Kowrow
Produktionszeit:	1916–1925
Kaliber:	6,5 x 50 HR
Länge:	1045 mm
Lauflänge:	520 mm
Gewicht (ungeladen):	4,4 kg
Magazinkapazität:	25 Patronen
Feuerarten:	Einzelfeuer, Dauerfeuer
Feuerrate:	600 Schuss/min

Simonov AVS-36

Das Produktionsende des Awtomat Fjodorowa mit seinem speziellen Kaliber war natürlich nicht das Ende der halbautomatischen Gewehre in der Roten Armee. Bereits vor der Oktoberrevolution 1917 hatten weitere Waffentechniker mit Selbstladegewehren für die Ordonanzpatrone 7,62 x 54 R experimentiert. Einer von ihnen, Fjodor Tokarew, probierte lange Jahre ziemlich erfolglos mit Rückstoßladern herum, bis er sich schließlich für die Nutzung des Gasdrucks für den Ladevorgang entschied. Sein Modell SVT-30 verlor allerdings beim Auswahlverfahren der Armee im Jahre 1935 gegen das Konkurrenzmodell von Sergei Simonov.

Simonov hatte erst 1926 mit der Entwicklung eines halbautomatischen Gewehrs begonnen, dem allerdings kein Erfolg beschieden war. Für einen Schießtest der GAU (Hauptverwaltung Artillerie) modifizierte er seinen Gasdrucklader unter anderem mit einer Umschaltvorrichtung auf Dauerfeuer. Die Kommission empfahl daraufhin einen Truppenversuch mit der Waffe. Danach folgten noch mehrere Vergleichsschießen, und letztendlich konnte sich Simonovs Waffe gegen alle Konkurrenz durchsetzen. Sie wurde wenige Monate später als AVS-36 (Avtomaticheskaya Vintovka Simonova Obrazets 1936) bei den Streitkräften eingeführt und sollte auch schnellstmöglich in Serienfertigung gehen. In der angelaufenen Produktion in den Ischmasch-Werken in Ischewsk stellte sich dann heraus, dass die Einzelteile sehr aufwendig zu fertigen waren, was einer effektiven Massenproduktion im Wege stand und hohe Herstellungskosten zur Folge hatte. Die Öffentlichkeit sah die neue Waffe erstmals im Mai 1938 bei einer Parade in Moskau.

Das AVS-36 arbeitet als Gasdrucklader, dessen Verschluss durch einen darunter im Verschlussgehäuse angebrachten vertikalen Verriegelungsblock am Rücklauf gehindert wird. Beim Schuss wirkt der

Die Öffentlichkeit sah Sergei Simonovs AVS-36 erstmals bei einer Militärparade im Mai 1938 in Moskau.

Nach 65 800 Stück wurde die Fertigung zugunsten von Fjodor Tokarews SVT-38 eingestellt.

Das Visier lässt sich bis 1500 Meter einstellen. Hinter dem Verschluss ist die ausgefräste Halterung zum Einstecken von Ladestreifen erkennbar. Der Schütze kann dann mit seinem Daumen die Patronen nach unten ins Magazin drücken.

Ein blecherner Handschutz mit Kühlungslöchern verdeckt die Gasentnahme. Mit dem kleinen Schwenkhebel lässt sich die Abdeckung lösen.

Gasdruck auf einen oberhalb des Laufs gelegenen Gaskolben, welcher sich dadurch ein kurzes Stück zurückbewegt. Der Impuls wird über eine Kolbenstange auf den Verriegelungsblock übertragen, um den Weg für den Rücklauf des Verschlusses freizugeben. Die Kolbenstange verfügt über eine eigene Rückholfeder. Das AVS-36 verfügte über ein Wechselmagazin, konnte aber auch mittels Ladestreifen des Mosin-Nagant geladen werden. Der Feuerwahlhebel für Einzel- und Dauerfeuer befindet sich rechts hinten am Gehäuse. Die praktische Feuergeschwindigkeit betrug bei Einzelfeuer 20 bis 25 Schuss/min, bei kurzen Feuerstößen etwa 40 Schuss/min. Allerdings wurde Dauerfeuer nur ungern gewählt, denn die Mündungsbremse war wenig effektiv, wodurch sich die Waffe bei Feuerstößen kaum im Ziel halten ließ. Der Vorteil der schnellen Schussfolge wurde somit durch die große Streuung zunichte gemacht. Der Sicherungshebel befindet sich hinter dem Abzugsbügel und blockiert vorgeklappt den Abzug. Der Putzstock ruht in zwei Halterungen entlang der rechten Seite der Waffe. Das Bajonett der Waffe konnte auch 90° zum Lauf nach unten befestigt werden, um als Auflagehilfe zu dienen.

So gut sich die Waffe bei der Erprobung auch geschlagen hatte, im harten Fronteinsatz bereitete sie den Soldaten so manche Probleme. Zu der mangelnden Präzision bei Feuerstößen gesellten sich auch einige technische Unzulänglichkeiten. Die Mechanik war kompliziert und anfällig für Verschmutzung, das Zerlegen und Reinigen im Felde umständlich. Zudem reagierte die Waffe empfindlich auf schwankende Qualität der Munition, wie sie eben in Kriegszeiten durchaus vorkommen kann. Den ersten Fronteinsatz erlebte das AVS-36 in der Schlacht am Chalchin Gol gegen die Japaner im Grenzgebiet zwischen der Mongolei und dem damaligen Mandschukuo. Im Winterkrieg gegen Finnland konnten die Finnen nach eigenen Angaben etwa 300 Waffen erbeuten und umgehend

Trotz der massiven Mündungsbremse war die Waffe bei Feuerstößen kaum im Ziel zu halten.

Der Sicherungshebel lässt sich vorklappen und verhindert dann ein Durchziehen des Abzugs.

Das Magazin fasst 15 Patronen. Seine gebogene Form ist durch die russische Randpatrone bedingt.

gegen ihre vorherigen Besitzer einsetzen. Es stellte sich dabei heraus, dass das AVS-36 bei eisigen Temperaturen zu Funktionsstörungen neigte.

In dieser Zeit war natürlich auch die Konkurrenz nicht untätig geblieben. Tokarews Selbstlader stand ebenfalls zur Debatte, und es entbrannte ein interner Streit bei Armee und Politbüro, welche Waffe wohl die bessere sei. Beide Konstrukteure hatten ihre Gegner und Befürworter. Am Ende profitierte Tokarew von seinem guten Verhältnis zu Josef Stalin, der sich persönlich für die Einführung seiner Waffe einsetzte. Mit der Entscheidung des Verteidigungskomitees vom 17. Juli 1939 hatte sich die Massenfertigung künftig auf Tokarews SVT-38 zu konzentrieren. Übergangsweise lief die Fertigung des AVS-36 noch bis zum Jahreswechsel 1939/40 weiter. Eine exakte Aufschlüsselung der insgesamt 65 800 hergestellten Gewehre ist aber nicht für alle Jahre bekannt:

1934:	106	Stück
1935:	286	Stück
1936:	?	Stück
1937:	10 280	Stück
1938:	24 401	Stück
1939/40:	?	Stück

Drei russische Soldaten im Winterkrieg gegen Finnland. Bei eisigen Temperaturen neigte der AVS-36 gerne zu Funktionsstörungen.

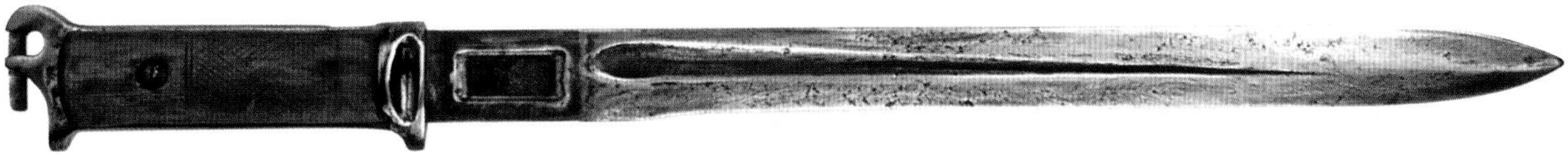

Für den AVS-36 gab es ein eigenes Bajonett mit spezieller Verriegelung. Es konnte auch im 90° Winkel zum Lauf nach unten befestigt werden und diente somit als Einbein-Auflage.

Einsatzfotos sind selten. Hier ein Schütze während einer Essenspause, aufgenommen am 1. April 1944.

Dieser von den Finnen erbeutete AVS-36 wurde gleich mal zur Elchjagd verwendet.

Eine spezielle Ausführung für Scharfschützen wurde nur in geringer Stückzahl aus ausgesuchten, sehr präzisen Gewehren gefertigt. Diese Waffen erhielten ein Zielfernrohr mit vierfacher Vergrößerung auf einer an der linken Gehäuseseite angebrachten Schiene.

Technische Daten: AVS-36	
Hersteller:	Ischmasch-Werke, Ischewsk
Produktionszeit:	1934–1940
Kaliber:	7,62 x 54 R
Länge:	1230 mm
Lauflänge:	612 mm
Gewicht (ungeladen):	4,3 kg
Magazinkapazität:	15 Patronen
Feuerarten:	Einzelfeuer, Dauerfeuer
Feuerrate:	800 Schuss/min

SVT-38 und SVT-40

Nach der Niederlage seines Modells SVT-30 (Samozaryadnaya Vintovka Tokareva Obrazets 1930) im Auswahlverfahren des Jahres 1935 gegen Sergei Simonovs Konkurrenzmodell gab Fjodor Tokarew nicht auf, sondern arbeitete an einer Verbesserung seiner Konstruktion. Das war auch gut so, denn Simonovs AVS-36 zeigte sich im Fronteinsatz als wenig ausgereift und störanfällig. Angesichts der politischen Bedrohungen und möglichen neuen Kampfhandlungen wünschte sich die Armee schnellstmöglich einen besser geeigneten Ersatz. Und jetzt schlug Tokarews Stunde. Durch eine Entscheidung des Verteidigungskomitees am 17. Juli 1939 wurde sein SVT-38 zum künftigen Selbstladegewehr bestimmt und die Fertigung des AVS-36 lief nur noch übergangsweise weiter.

Beim SVT-38 handelt sich um einen Gasdrucklader mit Kippblockverschluss. Der Gaskolben mit kurzem Rücklauf und eigener Rückholfeder ist zweiteilig ausgeführt und gibt die Energie der Pulvergase als Impuls an den Verschlussträger weiter. Dadurch läuft der Verschlussträger zurück und entriegelt den Verschluss über eine Steuerkurve. Nun

Der SVT-38 wurde im Juli 1939 zum künftigen Selbstladegewehr der Roten Armee bestimmt.

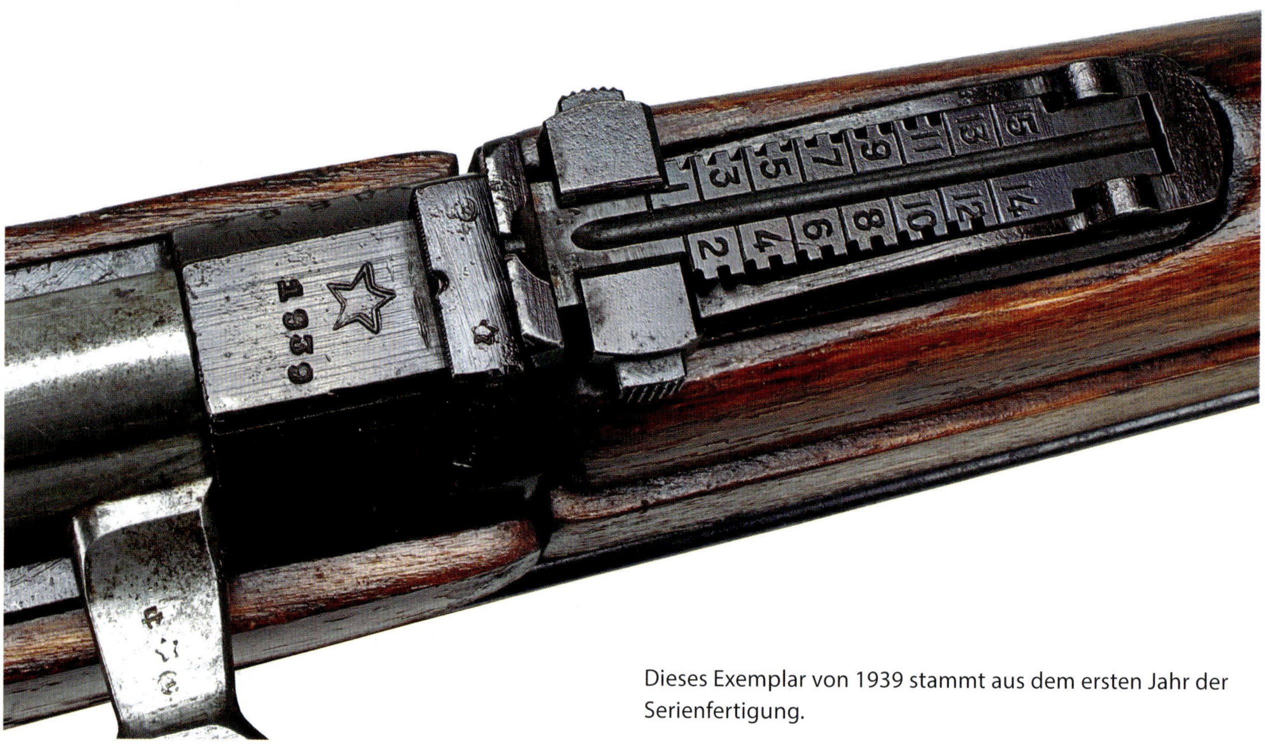

Dieses Exemplar von 1939 stammt aus dem ersten Jahr der Serienfertigung.

Die Mündungsbremse dämpft den Rückstoß. Darunter ist die Bajonetthalterung erkennbar.

Der Verschlussfang ragt bei leerem Magazin von unten in die Verschlussbahn und blockiert so den Verschluss in offener Stellung. Der Schütze kann nun nachladen.

laufen beide weiter zurück und der Auszieher zieht die Patronenhülse aus. Ist das Magazin leergeschossen, hält ein Verschlussfang den Verschluss in der hintersten Stellung. Der Schütze kann es jetzt mittels der Fünf-Schuss-Ladestreifen des Mosin-Nagant von oben befüllen oder gegen ein volles Magazin austauschen. Die Mündungsbremse reduziert den Rückstoß merklich und fördert das genaue Zielen. Eine Verstellschraube mit fünf Stufen an der Gasentnahme erlaubt eine Veränderung des Gasdrucks, je nach Munition und Verschmutzungsgrad der Waffe. Das Drehen der kantigen Schraube geschieht einfach mit einem kleinen Stellschlüssel im Zubehör der Waffe. Allerdings sollte hierbei immer das notwendige Minimum an Gasdruck gewählt werden, um die Mechanik nicht unnötig stark zu belasten. Das Patronenlager verfügt über Druckausgleichsrillen für ein leichteres Ausziehen der leeren Hülsen.

Im Vergleich zu anderen russischen Waffen, die für Soldaten mit niedrigem Ausbildungsstand gedacht waren, besaß die Armee mit dem SVT-38 eine relativ komplizierte Waffe und gab diese deshalb nur an speziell geschulte Schützen aus. Das Gassystem musste wegen der korrosiven Munition regelmäßig zerlegt, gereinigt und gepflegt werden. Serienmäßig wurden bei allen Waffen beidseitig Nuten zum Aufschieben einer Zielfernrohrmontage eingefräst, sodass sich prinzipiell jedes Gewehr mit dem russischen Standard-Zielfernrohr PU mit 3,5-facher Vergrößerung bestücken ließ.

Die Serienfertigung des SVT-38 begann im Juli 1939 in der staatlichen Waffenfabrik in Tula, etwa 200 km südlich von Moskau. Im Herbst kamen noch die Ischmasch-Werke in Ischewsk dazu, nachdem dort die Produktionsumstellung vom AVS-36 auf den SVT-38 abgeschlossen war. Die ambitionierte Planung sah bereits für 1942 einen Gesamtjahresausstoß von zwei Millionen Gewehren vor.

Beim seinem ersten Einsatz im Winterkrieg gegen Finnland bekleckerte sich der SVT-38 allerdings nicht mit Ruhm. Die Truppe zeigte sich ziemlich unzufrieden mit der neuen Waffe. Nicht nur die Gesamtlänge störte, sondern auch mechanische Probleme und Qualitätsmängel durch eine überhastete, schlampige Fertigung. Nach nur 150 000 hergestellten Stück endete die Fertigung im April

Der SVT-38 diente auch als Scharfschützenwaffe.

Dieser SVT-38 wurde von den Finnen mit einem modifizierten 20-Schuss-Magazins ihres leichten Maschinengewehrs Lahti-Saloranta M/26 bestückt.

Nach einigen Verbesserungen entstand das Modell SVT-40, welches im Juli 1940 in die Serienfertigung ging.

Der Putzstock befindet sich nun unterhalb des Laufs, und das vordere Ende des Schafts besteht nun komplett aus zwei gelochten Blechhälften.

1940 schon wieder. Zwischenzeitlich hatte Fjodor Tokarew sein Gewehr nochmals überarbeitet, und die Fertigung wurde nun auf das verbesserte Modell SVT-40 umgestellt. Los ging es in Tula im Juli 1940, gefolgt von den Fabriken in Ischewsk und Podolsk. Viele Arbeitsschritte blieben gleich oder änderten sich nur geringfügig, sodass der Gesamtausstoß für das Restjahr 1940 schon 70 000 SVT-40 betrug.

Zum Zeitpunkt des deutschen Einmarsches im Juni 1941 befanden sich bereits große Mengen der SVT-Modelle bei der Truppe. Doch vom angestrebten Ziel mit einem Drittel Selbstladegewehre in der Bewaffnung jeder Infanteriedivision war man noch weit entfernt. Und das schnelle Vorrücken der Deutschen führte zu ungeheuren Materialverlusten, die irgendwie ersetzt werden mussten. Der SVT-40 war aufwendig und teuer in der Herstellung. In der Not wurde deshalb seine Produktion immer weiter gedrosselt, und es liefen stattdessen wieder vermehrt Repetiergewehre Mosin-Nagant 91/30 von den Fertigungsbändern. Zudem hatte die einfach zu fertigende Maschinenpistole PPSh 41 ihre Einsatztauglichkeit bewiesen, und alleine bis Jahresende 1941 konnten über 92 000 Stück ausgeliefert werden. Im darauffolgenden Jahr stieg der Ausstoß auf fast 1,5 Millionen Stück. Die Ischmasch-Werke stellten 1942 die Fertigung des SVT-40 komplett ein und rüsteten auf den Mosin- Nagant 91/30 um. Während im Jahre 1941 insgesamt über eine Million SVTs gefertigt wurden, belief sich deren Zahl für 1942 auf nur noch 264 000 Stück. Bis zum endgültigen Produktions-

An der fünfkantigen Verstellschraube lässt sich der entnommene Gasdruck einstellen. Hierfür ist allerdings ein Spezialwerkzeug notwendig.

Serienmäßig besaßen alle SVT-40 beidseitig eingefräste Nuten zum Aufschieben der Zielfernrohr-Montage. Nur die Quernut für den Haltbolzen der Montage musste individuell angepasst werden.

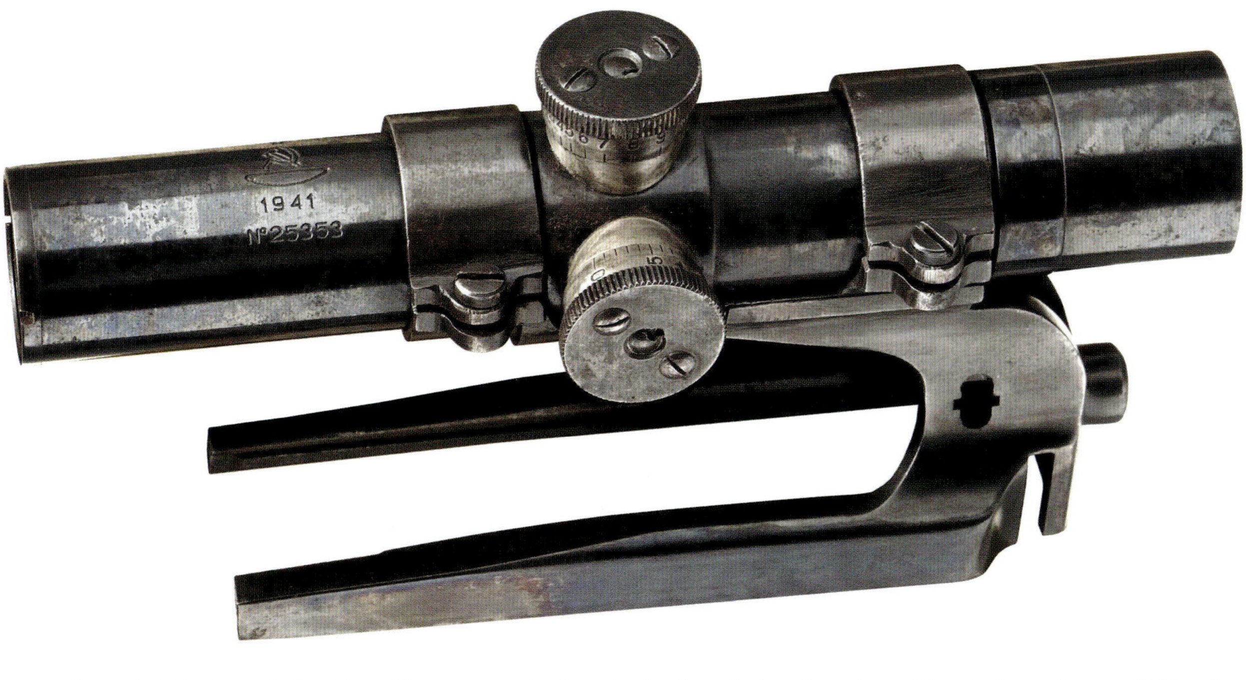

Das Zielfernrohr PU mit 3,5-facher Vergrößerung war der Standard auf russischen Gewehren. Hier ein Exemplar von 1941 auf der Montage für den SVT-40.

Ein gestelltes Propagandafoto aus dem Winterkrieg. Mit den dicken Handschuhen war das für Scharfschützen notwendige feinfühlige Betätigen des Abzugs kaum möglich.

Ausbildung von Rekruten. Die vorderen fünf sind mit einem SVT-40 mit Zielfernrohr ausgerüstet.

stopp in allen Werken im Januar 1945 lief die Fertigung des SVT-40 auf Sparflamme weiter.

Von allen etwa 1 600 000 hergestellten SVTs waren 51 710 Stück als Scharfschützenwaffe mit Zielfernrohr ausgestattet. Man hatte sich viel von ihnen erhofft, doch die SVT-Modelle waren keine Präzisionswunder. Eine schlechte Passung des Systems im Holzschaft wurde bei der Truppe oft durch das Einklemmen kleiner Holzkeile behoben. Kein Wunder, dass die Herstellung der Scharfschützen-Variante bereits 1942 wieder endete. Ab diesem Zeitpunkt erhielten die Waffen auch nicht mehr die beidseitig eingefrästen Nuten für die Zielfernrohr-Montage.

Am 20. Mai 1942 ging dafür noch eine vollautomatische Ausführung mit der Bezeichnung AVT-40 in die Serienfertigung. Sie unterschied sich äußerlich vom SVT-40 nur in der modifizierten Sicherung und einem Schaft aus härterem Holz. Der hinter dem Abzug angebrachte Sicherungsflügel, der beim SVT-40 in senkrechter Stellung den Abzug blockiert und nach links geschwenkt Einzelfeuer erlaubt, gibt beim AVT-40, nach rechts geschwenkt, Dauerfeuer frei. Bei Feuerstößen betrug die Feuerrate stolze 750 Schuss/min, da war das Zehn-Patronen-Magazin schnell leer. Selbst das leichte Maschinengewehr DP28 brachte es nur auf 550 Schuss/min. In der Praxis litt der AVT-40 unter demselben Problem wie schon Simonovs AVS-36: Bei Feuerstößen war die Waffe kaum im Ziel zu halten. Die enorme Belastung der Mechanik führte vermehrt zu Brüchen von Teilen. Ein Test ergab, dass bereits nach etwa 250 Schuss im Dauerfeuer der Lauf ausgeschossen ist, also die Felder im Laufprofil abgeschliffen sind. Letztendlich kam es zum Nutzungsverbot der Dauerfeuerfunktion, und die Fertigung endete im Frühjahr 1943. Viele Schäfte verwendete man daraufhin für den SVT-40.

Ein SVT-40 in alle Einzelteile zerlegt. [Foto: C&Rsenal]

Ljudmila Pawlitschenko posiert mit ihrem SVT-40 für die Presse. Mit 309 bestätigten Treffern zählt sie zu den erfolgreichsten Scharfschützen.

Technische Daten:	SVT-38	SVT-40
Produktionszeit:	1938–1940	1940–1945
Kaliber:	7,62 x 54 R	7,62 x 54 R
Länge:	1222 mm	1226 mm
Lauflänge:	610 mm	625 mm
Gewicht (ungeladen):	3,95 kg	3,85 kg
Magazinkapazität:	10 Patronen	10 Patronen

USA

Pedersen-Device

Nachdem die Franzosen ihre ersten Selbstladegewehre Meunier A6 und RSC 1917 an die Front brachten, weckten diese natürlich auch das Interesse der Verbündeten. Die Amerikaner schickten sogleich ein RSC 1917 in die Heimat und ließen es bei Springfield Armory untersuchen. Doch das Ergebnis der Erprobung stellte die U.S. Army nicht zufrieden, und sie befand die Waffe für nicht tauglich unter Frontbedingungen. Eine Nachfertigung oder eigene Weiterentwicklung auf Basis der französischen Waffe unterblieb deshalb.

Die Army selbst hatte sich bis dahin nur wenig mit Selbstladegewehren beschäftigt. In den Ersten Weltkrieg zogen die amerikanischen Soldaten mit dem Repetiergewehr Springfield M1903 im Kaliber .30-06 (7,62 x 63 mm). Bereits damals wurden im Army Ordnance Magazine zwei grundlegende Nachteile dieser Waffe kritisiert: Die Patrone war viel zu stark, da sie sowohl aus dem Gewehr als auch aus dem Maschinengewehr verschossen wird und gegen jede Art von Zielen wirken soll, nämlich feindliche Soldaten sowie gepanzerte Fahrzeuge und Flugzeuge. Im normalen Gefecht würde dem Soldaten eine schwächere Patrone völlig ausreichen. Zudem muss das Gewehr nach jedem Schuss von Hand repetiert werden. Doch bei der Armeeführung stieß dies alles auf taube Ohren.

Erst die Eigeninitiative eines Waffenkonstrukteurs sollte der U.S. Army das erste Selbstladegewehr bescheren. John Douglas Pedersen aus Nebraska war damals schon kein Unbekannter mehr. Immerhin hatte er im Dienste von Remington Arms bereits mehrere erfolgreiche Sport- und Jagdwaffen entworfen. Und auch er kannte die Nachteile des Repetiergewehrs im Kampfgeschehen. Da aber zum damaligen Zeitpunkt Mitten im Krieg die Einführung einer neuartigen Waffe und deren Produktion kaum eine Chance gehabt hätten, suchte Pedersen stattdessen nach einer Möglichkeit, wie man die vorhandenen Gewehre M1903 ohne großen Aufwand umbauen könnte.

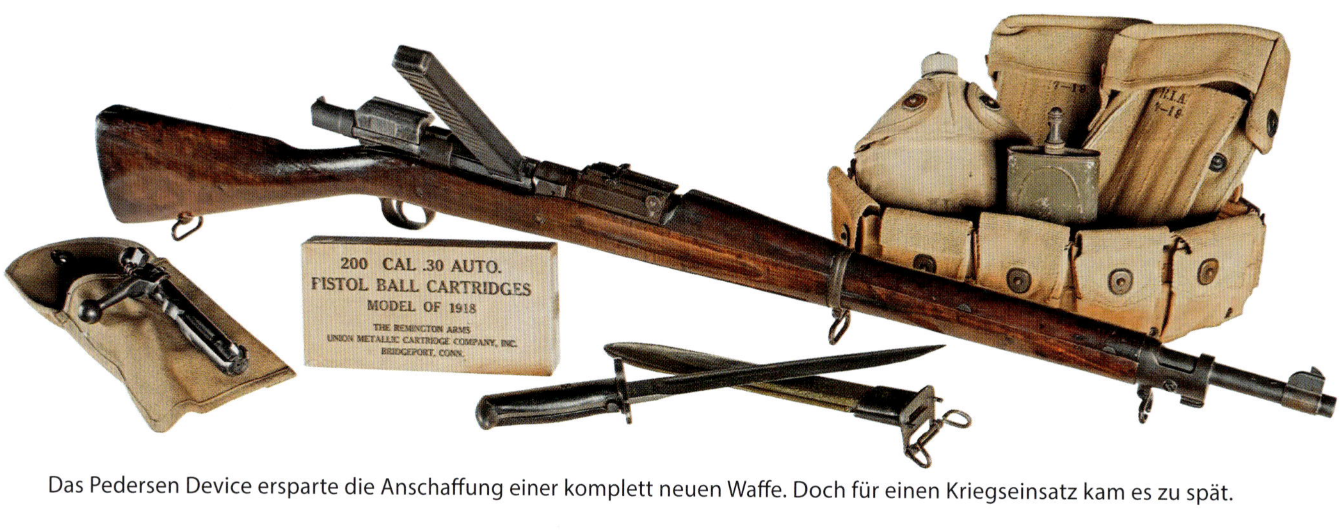

Das Pedersen Device ersparte die Anschaffung einer komplett neuen Waffe. Doch für einen Kriegseinsatz kam es zu spät.

Der Schütze musste nur den Verschluss entnehmen und das Pedersen Device einführen. Schon hatte er ein halbautomatisches Gewehr.

Im Sommer 1917 kontaktierte Pedersen das U.S. Army Ordnance Department und bat um einen Termin zur Vorstellung seiner neuesten Entwicklung. Worum es genau ging, gab er noch nicht Preis, aber sein Name reichte aus, um den gewünschten Termin zu bekommen. Und so trafen sich am 8. Oktober 1917 der Chief of Ordnance, General William Crozier, und eine aus Geheimhaltungsgründen kleine ausgewählte Gruppe von Offizieren und Kongressabgeordneten mit John Pedersen auf dem Schießplatz Congress Heights in Washington D.C. Der Bericht über dieses Treffen durfte erst einige Jahre später auszugsweise im Army Ordnance Magazine veröffentlich werden: Pedersen begann anfangs der Vorführung mit einem von ihm mitgebrachten Springfield M1903 ganz normal zu schießen. Nach einigen Schüssen entnahm er den Verschluss, legte ihn ab und zog einen seltsamen Mechanismus aus einer Tasche, die an seinem Gürtel hing. Dieses »Ding« führte er anstelle des Verschlusses in sein Gewehr ein. Danach steckte er ein langes Stangenmagazin, dessen Abmessungen auf eine kleinere Patrone hindeuteten, von oben hinein. Vor den Augen der erstaunten Zuschauer feuerte er nun Schuss auf Schuss, so schnell er konnte, nur durch Ziehen des Abzugs und ohne zwischendurch zu repetieren. Die Waffe war zu einem Selbstlader geworden.

Patronenvergleich 7,62 x 63 mm (.30-06) und 7,62 x 20 mm (.30 Pedersen).

Komplettes Pederson Device mit Blechbehälter, Tasche für Verschluss, zwei Magazinen, Magazintasche und Schraubenschlüssel.

Die Magazinabschaltung verriegelt in der OFF-Stellung das Pedersen Device im Gewehr.

Nach der Vorführung zeigte sich das Publikum begeistert. Eine solche Waffe verlieh den Soldaten eine enorme Feuerkraft, gerade in kritischen Kampfsituationen auf kürzere Entfernungen. Und was natürlich noch hinzukam: Es wurde keine neue Waffe benötigt. Am Standardgewehr musste kaum etwas verändert werden, und selbst danach konnte es auch ohne Pedersens Mechanik ganz gewöhnlich weiterverwendet werden. Bei einem weiteren Test konnte ein Schütze zwei Magazine mit je 40 Schuss in weniger als einer Minute verfeuern, das war eine um 400 Prozent höhere Feuerrate als mit dem Repetiergewehr. Somit fiel rasch die Entscheidung zur Herstellung und Erprobung einiger Stücke. Eines davon wurde sogleich im November 1917 durch Captain J.C. Beatty unter strengster Geheimhaltung nach Frankreich zu General Pershing, dem damaligen Oberbefehlshaber der US-Streitkräfte in Europa, gebracht. Die sogenannten American Expeditionary Forces waren erst im Juni in Frankreich angekommen und noch nicht in Kampfhandlungen verwickelt. Aufgrund logistischer Probleme mangelte es an Waffen, und teilweise mussten die US-Soldaten anfangs mit französischen Waffen und Artillerie ausgerüstet werden. Ihre Feuertaufe erlebten die Amerikaner im November 1917 bei Bathelémont.

General Pershing ließ unverzüglich einen Ausschuss, bestehend aus vier hochrangigen Offizieren und Captain Beatty, einberufen. Das erste Treffen fand am 9. Dezember im französischen Langres statt. Schon nach einer kurzen, aber intensiven Erprobung kam der Ausschuss zu der Erkenntnis, dass das neue Gerät sowohl im Angriff als auch in der Verteidigung eine wertvolle Ergänzung wäre. Pershing selber war nicht weniger beeindruckt und schickte am 11. Dezember ein Telegramm nach Washington: »Der Ausschuss befürwortet die Einführung von Pedersens Gerät und eine erste Beschaffung von 100 000 Stück desselben. Strengste Geheimhaltung ist in diesem Zusammenhang erforderlich. Anfangsausstattung mit Munition 5000 Schuss pro Waffe mit täglichem Nachschub von 100 Schuss pro Waffe. Starke Befürwortung des Geräts und Glaube an wesentliche Verstärkung der Leistungsfähigkeit der Infanterie. Gez. Pershing.« Danach folgte noch ein zweites Telegramm: »Als Reserve werden 25 000 Pedersen Geräte benötigt. Als Ersatz 50 Prozent pro Jahr an Geräten und 200 Prozent an Magazinen. Für jedes Gerät werden 40 Magazine benötigt. Wann erfolgt der Versand? Gez. Pershing.«

Ganz so schnell wie von Pershing gewünscht ging es dann aber nicht. Die offizielle Einführung wurde zwar durch seine »starke Befürwortung« schon mehr oder weniger vorweggenommen, aber erstmal mussten die Bürokratie bewältigt, die Fertigung geplant und die Produktionseinrichtungen vorberei-

Die schräge Einführung des Magazins erlaubt weiterhin das Zielen über Kimme und Korn.

Bestempelung des Pedersen Devices. Mittig ist eine Nut ausgefräst, damit die Visierlinie nicht verdeckt wird.

Vorführung des Pedersen Device im Springfield M1903

tet werden. Pedersen nannte seine Erfindung ursprünglich »Automatic Bolt«, aber zur Wahrung der Geheimhaltung erhielt das Projekt die Tarnbezeichnung »Automatic Pistol, Cal. 30, Model of 1918.« Heute ist das Gerät hauptsächlich als »Pedersen-Device« bekannt.

Vom Prinzip her funktioniert Pedersens Erfindung wie ein Rückstoßlader, quasi eine kleine Selbstladepistole ohne Griffstück. Als Munition wählte Pedersen eine Patrone im Kaliber 7,62 x 20 mm mit einem 5,18 Gramm schweren Geschoss und einer Pulverladung von 0,23 Gramm. Daraus ergab sich eine beachtliche Mündungsgeschwindigkeit von etwa 450 Metern pro Sekunde, und das Geschoss sollte auf bis zu 350 Meter tödlich wirken. Der kurze Laufstummel besitzt ein Patronenlager für diese kürzere Patrone, davor schwach ausgeprägte Züge, und ist vorne äußerlich geformt wie die Gewehrpatrone, um so perfekt in das Patronenlager des Gewehrs zu passen.

Das Springfield M1903 bedurfte nur leichter Anpassung: Zum Auswerfen der leeren Hülsen musste auf der linken Seite des Gehäuses eine ovale Öffnung herausgefräst werden und der Holzschaft erhielt an dieser Stelle einen kleinen Ausschnitt. Abzugsstollen, Abzug und Magazinabschaltung mussten ebenfalls modifiziert werden. Der Rest der Waffe blieb jedoch unverändert. Mittels der veränderten Magazinabschaltung wurde in der Stellung »off« das Pedersen-Device im Gehäuse des Gewehrs verriegelt. Das 40-Schuss-Stangenmagazin wird schräg von rechts oben eingesteckt. Diese Seitenabweichung erlaubte weiterhin das Zielen über Kimme und Korn. Sowohl die überarbeiteten als auch die in dieser Konfiguration neu hergestellten Gewehre erhielt die Bezeichnung »Springfield Model 1903 Mark I« aufgestempelt. Ihre Auslieferung begann mit Verzögerung erst im Herbst 1918. Mit eingebautem Pedersen-Device war das Mark I nur 0,7 kg schwerer als die Standardausführung.

Dank John Pedersens Verbindung zu Remington Arms erhielt diese Firma am 26. März 1918 einen lukrativen Auftrag über zunächst 100 000 Stück. Der Reingewinn betrug dabei zwei Dollar je Gerät und drei Cent je Magazin. Pedersen selber erhielt für die Rechte zur Verwendung seiner Erfindung einmalig 50 000 Dollar sowie zusätzlich 50 Cent für jedes hergestellte Gerät. Die benötigten Maschinen wurden zum größten Teil von der Regierung kostenfrei zur Verfügung gestellt. Kurz nach Anlauf der Fertigung erhöhte sich die Bestellung auf 133 450 Stück. Im Mai 1918 schloss Remington Arms einen zusätzlichen Vertrag über die Fertigung von 800 Millionen Patronen ab. Da die Kapazitäten im Stammwerk in Bridgeport nicht ausreichten, wurde ein Großteil der Messinghülsen in Remingtons Fabrik in Hoboken (New Jersey) hergestellt und dann zum Laden nach Bridgeport geliefert. Die kleinste Verpackungseinheit waren 40 Patronen, also genau eine Magazinfüllung. Laut bekannten Bodenstempeln lief die Fertigung bis 1920.

Die Herstellung der Magazine übertrug man mehreren Zulieferern, wie etwa Mount Vernon Silversmiths und Oneida Limited, beide zur damaligen Zeit sehr bekannte Hersteller von edlem Tafelsilber. Der Magazinkörper besitzt seitlich Sicken zur Versteifung. Auf der Hinterseite sind im Abstand von fünf Patronen eine Reihe von Löchern ausgestanzt, damit der Schütze seinen Patronenvorrat im Blick behalten kann. Ein Magazin wiegt gefüllt etwa 450 Gramm und jeder Schütze sollte mit zehn Magazinen ausgestattet werden. Die dafür vorgesehenen Magazintaschen aus Webstoff zur Aufnahme von jeweils fünf Magazinen sowie die Tasche zum Verstauen des Gewehr-Verschlusses stammen vom Rock Island Arsenal.

Bei Nichtgebrauch wurde das Pedersen-Device in einem Metallbehälter am Koppel transportiert. Er besteht aus zwei zusammengeschweißten Hälften aus geformtem Blech und einem Klappdeckel. Einziger Hersteller war die Gorham Manufacturing Company in Providence (Rhode Island), ebenfalls ein bekannter Hersteller von Silberwaren und Gießerei für Bronzeskulpturen. Zum weiteren Zubehör gehörten noch zwei Schraubenschlüssel zum exakten Anpassen des Geräts in die jeweilige Waffe.

Während bei Remington die Fertigung auf Hochtouren lief, plante das Kriegsministerium bereits den ersten Einsatz für die neue Waffe. Sie sollte unter Ausnutzung des Überraschungseffekts bei einer Großoffensive im Frühjahr 1919 in Masse eingesetzt werden. Doch schnell wurde klar, dass dieses Ziel bei der momentanen Umbau- und Fertigungsleistung der Gewehre M1903 Mark I nicht zu erreichen war. John Pedersen erhielt deshalb den Auftrag zur Anpassung seines Geräts an das Gewehr M1917, einer für das US-Kaliber eingerichteten und in den Vereinigten Staaten produzierten Variante des britischen Pattern 1914 Gewehrs. Zur Vermeidung von Verwechslungen erhielt das Pedersen-Device für das M1903 die zusätzliche Bezeichnung Mark I und für das M1917 den Zusatz Mark II. Das Probeschießen am 21. August 1918 verlief erfolgreich. Remington erhielt einen Auftrag zur Fertigung von 500 000 Stück, beginnend nach Erfüllung des noch laufenden Mark I-Auftrags. Remington fertigte auch ein Versuchsstück für das russische Mosin-Nagant-Gewehr, aber die Hoffnung auf ein mögliches Interesse Russlands zerschlug sich durch den weiteren Kriegsverlauf.

Der Waffenstillstand vom 11. November 1918 beendete den Ersten Weltkrieg. Zu der geplanten großen Offensive kam es nicht mehr. Und somit konnte das Pedersen-Device auch nie seinen tatsächlichen Nutzen im Gefecht unter Beweis stellen. Der Auftrag für das Mark II-Device wurde noch in der Vorbereitungsphase storniert. Jedoch ließ man den Auftrag für das Mark I-Device noch bis zum 1. März 1919 weiterlaufen. Und somit stapelte sich am Ende eine Gesamtproduktion von 65 000 Pedersen-Devices mit 1 600 000 Magazinen und 65 000 000 Patronen sowie 101 775 Springfield-Gewehre Mark I in den Depots.

Das Kriegsministerium war sich zunächst unschlüssig über den Nutzwert für zukünftige Kriege und führte deshalb von Ende 1919 bis Mitte 1920 Versuche mit ausgewählten Truppenteilen in Fort Ben-

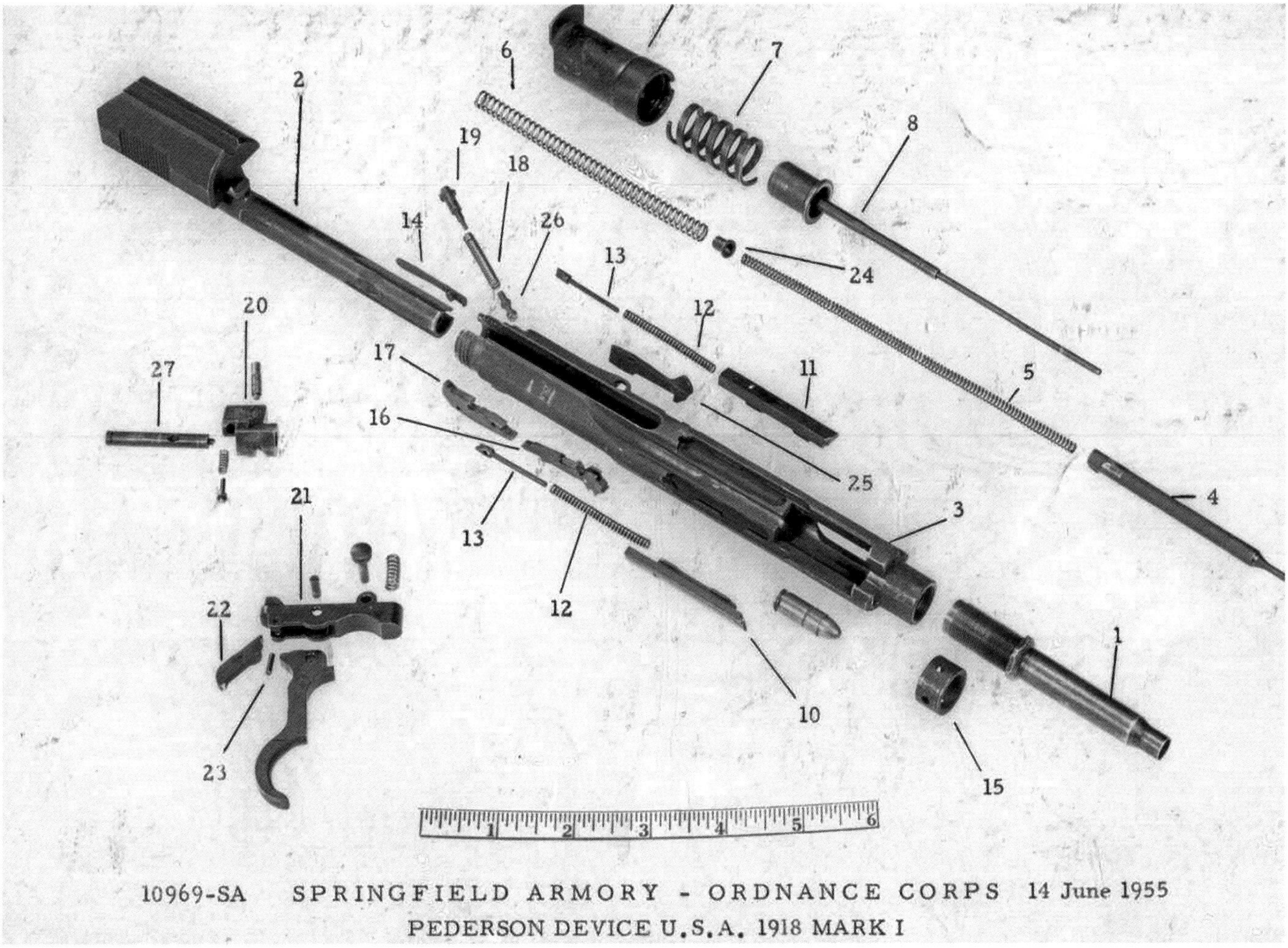

Das Pedersen Device vollständig zerlegt. Auch an Abzug und Magazinabschaltung waren kleine Änderungen notwendig.

ning und Fort Riley durch. Alle Berichte liefen letztendlich darauf hinaus, dass ein künftiger Einsatz sehr unwahrscheinlich wäre und bis dahin sicherlich besser geeignete Selbstladegewehre zur Verfügung stehen würden. Dennoch wurde die Geheimhaltungsstufe weiterhin beibehalten.

Der gesamte Bestand blieb für über zehn Jahre eingelagert. Doch Lagerhaltung kostet Geld, und so entschied die Regierung angesichts des nicht mehr vorhandenen Nutzwerts im April 1931 die Aussonderung des Pedersen-Devices. Ein paar wenige Stücke gab man an Museen ab oder behielt sie in Lehrsammlungen. Der Rest wurde verschrottet. Glücklicherweise gab es damals auch diebisches Personal und so taucht doch hin und wieder ein Exemplar auf dem Sammlermarkt auf. Wenn auch zu exorbitanten Preisen.

Technische Daten Pedersen-Device:	
Hersteller:	Remington Arms
Produktionszeit:	1918–1919
Kaliber:	7,62 x 20 mm
Gewicht (ungeladen):	0,96 kg
Gewicht (geladen)	1,4 kg
Magazinkapazität:	40 Patronen
Feuerrate:	200 Schuss/min

Bommarito

Auch im letzten Kriegsjahr 1918, als die Massenfertigung des Pedersen-Devices gerade angelaufen war, unterstützte das Kriegsministerium weiterhin lohnenswert erscheinende Entwicklungen von Infanteriewaffen. Eine davon war der Entwurf eines Selbstladegewehrs von Giuseppe Bommarito.

Seine Waffe war für die Standardpatrone .30-06 Springfield eingerichtet, welche aus einem wechselbaren 20-Schuss-Kastenmagazin zugeführt werden sollte. Das vorgelegte Konzept sah vielversprechend aus, und im April 1918 genehmigte das Kriegsministerium einen Zuschuss in Höhe von 2500 US-Dollar als Starthilfe für die Entwicklungsarbeiten. Im September folgte nochmals eine Finanzspritze von 2500 US-Dollar, um die Waffe fertigbauen zu können.

Leider zahlte sich diese Investition nicht aus. Das Selbstladegewehr neigte zu Störungen und war kompliziert im Zerlegen und Zusammensetzen. Oft verklemmte sich eine leere Hülse beim Ausziehen, und der Verschluss war danach nur noch sehr schwer von Hand zu öffnen. Um die Probleme in den Griff zu bekommen, übergab man die Waffen nach den ersten enttäuschenden Versuchen an Major Elder. Dieser war eigentlich Waffenkonstrukteur bei Savage Arms in Utica (New York), wurde aber für die Versuch mit den Selbstladewaffen vorrübergehend zum Ordnance Department abkommandiert. Seine Bemühungen brachten nur wenig Erfolg. Viele Mängel hingen mit der Gesamtkonstruktion und dem Funktionsprinzip zusammen, und diese konnte er eben nicht so einfach verändern.

Bommarito hatte einen Kniegelenkverschluss (toggle lock) verwendet, ähnlich der deutschen Pistole 08. Der Verschlussweg beträgt 3,2 cm. Der Kniegelenkverschluss wird mit seinem kugelförmigen Ende von oben in eine Vertiefung im Gehäuse eingesetzt, während das andere Ende von hinten in die Laufverlängerung eingeschoben wird. Interessant an der Waffe ist die teilweise Führung des beweglichen Laufs in einem Laufmantel. Dieser trägt zudem das Korn mitsamt Kornschutz und wird mit dem Vorderring im Schaft fixiert. Eine Spiralfeder

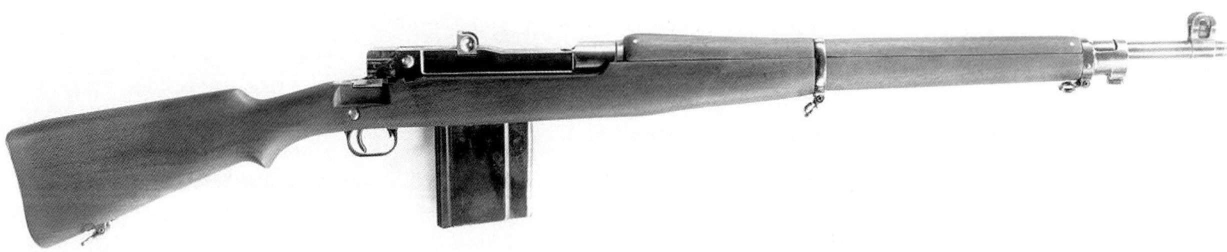

Die Kimme von Bommaritos Gewehr sitzt direkt auf dem Kniegelenk und bewegt sich bei jedem Schuß mit.

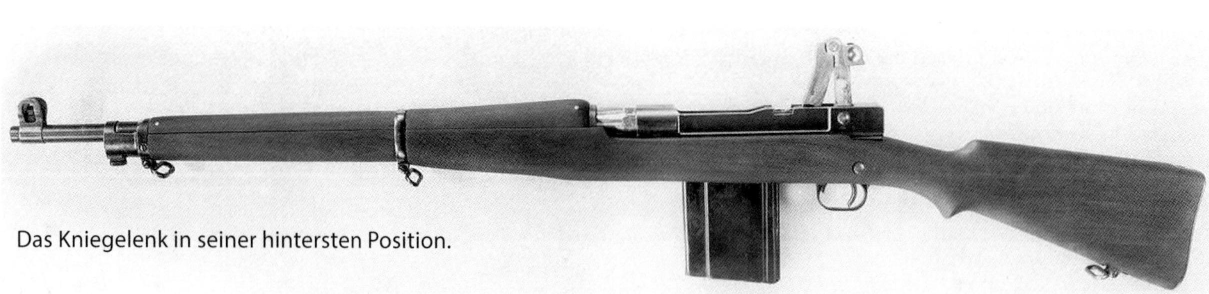

Das Kniegelenk in seiner hintersten Position.

Das Gewehr in seine Hauptbestandteile zerlegt.

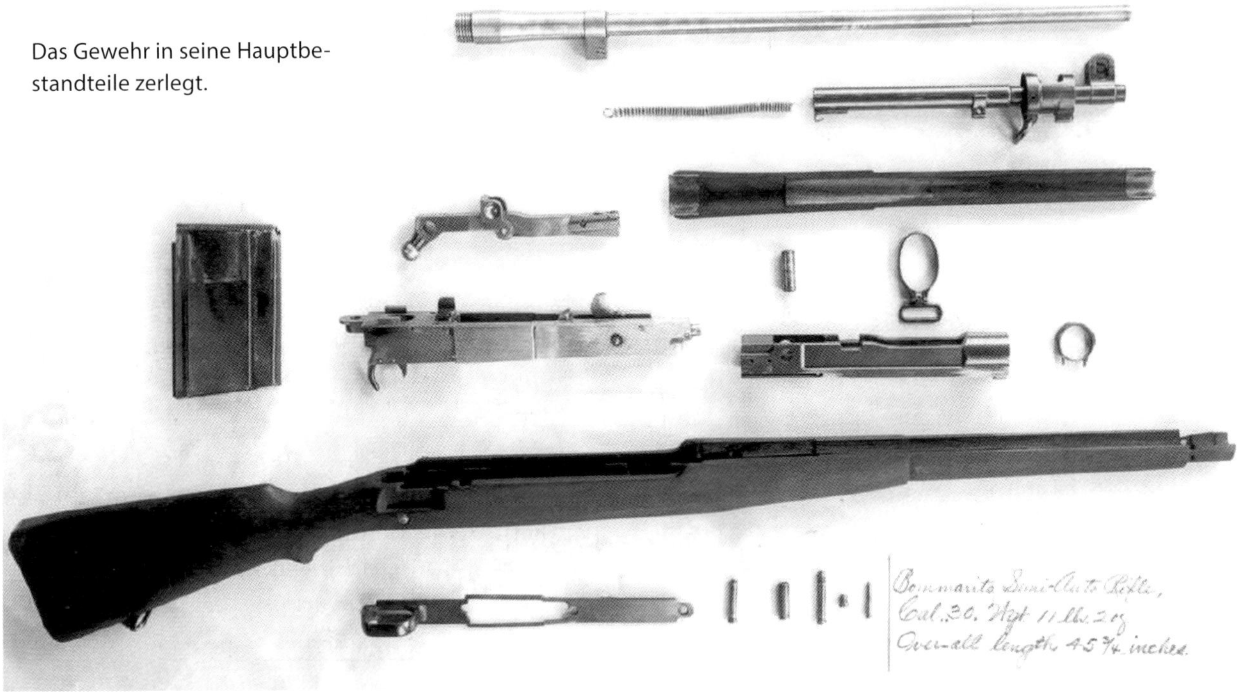

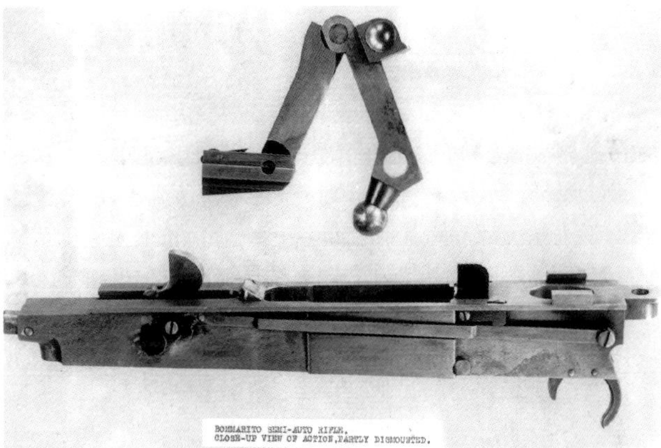

Das Kniegelenk im Detail. Man beachte das kugelförmige Endstück, welches in die runde Vertiefung über dem Abzug gesteckt wird.

Das 20-schüssige Wechselmagazin war damals vielen Militärs zu fortschrittlich.

verbindet Laufmantel und Lauf und sorgt für die Vorwärtsbewegung des Laufs nach dem automatischen Ladevorgang. Von diesen Vorgängen ist äußerlich nichts zu erkennen, da alles vom Laufmantel und dem Schaft abgedeckt wird. Auf diese Weise kann auch nur wenig Schmutz in die Waffe gelangen.

Die Tester hatten wohl mit dem Kniegelenkmechanismus etwas Probleme, denn angeblich könnte sich der Schütze laut deren Berichten seine Finger daran verletzen. Und auch das fortschrittliche Wechselmagazin stieß beim konservativ denkenden Militär auf wenig Gegenliebe. Nachdem noch diverse Störungen hinzukamen, verschwand die Waffe schon bald im Lager.

Viele Jahre später, nämlich 1928, wurden zu Dokumentationszwecken die hier abgebildeten Fotos in Springfield Armory aufgenommen. Die Waffe selbst soll laut Archivunterlagen am 17. Juni 1938 zu einem Schätzwert von 15 Dollar an das Museum übergeben worden sein, ist dort aber heute nicht mehr auffindbar.

M1 Garand

Das weltweit bekannteste amerikanische Infanteriegewehr des Zweiten Weltkriegs ist zweifellos der M1 Garand. Sein typisches »Pling«-Geräusch beim Auswurf des leeren Patronenrahmens ist aus unzähligen Kinofilmen nicht wegzudenken. Und selbst heute wird er noch von den Honor Guards zu Repräsentationszwecken verwendet. Dabei täuscht seine Popularität aber auch über so manche Unzulänglichkeit hinweg.

Nach dem Ersten Weltkrieg hatte die U.S. Army noch große Stückzahlen des Pedersen-Devices eingelagert. Dieses war allerdings nur als Notbehelf zum Umbau des Springfield M1903 eingeführt worden und kam letztendlich auch nicht mehr zum Einsatz. Jetzt aber, nach dem Krieg, wünschte sich die Armee ein modernes Selbstladegewehr, um für künftige Kampfhandlungen gewappnet zu sein. Und so begannen Anfang der 20er Jahre im Springfield Armory erste Forschungsarbeiten an einer solchen Waffe. Dort arbeitete seit November 1919 ein junger Techniker names Jean (John) Cantius Garand. Er hatte zuvor bereits ein leichtes Maschinengewehr konstruiert, welches jedoch für den Krieg zu spät kam. Nun bei Springfield bekam er das Projekt zur Schaffung eines Selbstladegewehrs übertragen.

Nach mehreren Erprobungsstücken entstand 1924 eine kleine Serie im Kaliber .30-06 Springfield (7,62 x 63 mm) für Versuche in Fort Benning. Die Waffen waren als Gasdrucklader ausgelegt und schlugen sich gegenüber der Konkurrenz von Thompson, Pedersen und anderen bekannten Namen sehr gut. Doch ein klarer Gewinner war nicht auszumachen. Vor allem die Frage nach dem künftigen Kaliber sollte die Entwickler noch mehrere Jahre beschäftigen. Sowohl Infanterie als auch Kavallerie schwankten lange zwischen .30-06 und der .276-Patrone (7 x 51 mm) von Pedersen. Das 1928 gebildete »Semiautomatic Rifle Board« (SRB), bestehend aus Mitgliedern von Army, Navy und Marine Corps, entschied sich noch im selben Jahr für das Kaliber .276.

Garands „Auto-Loading Rifle" von 1924 im Kaliber .30-06 Springfield.

Früher `gas trap´ Garand (Seriennr. 2838) mit dem typischen Mündungsaufsatz.

Für eine neue Versuchsreihe Anfang 1931 wurden von Springfield 20 Stück der Ausführung T3E2 (Kaliber .276) gefertigt und nochmals mit Pedersen-Gewehren verglichen. Die Waffen von Garand gewannen klar und deutlich. Auch eine Waffe in der Ausführung T1E1 (Kaliber .30-06) hatte teilgenommen, schied aber mit gebrochenem Verschluss aus. Bei einem weiteren Treffen des SRB fiel offiziell die Entscheidung zur Einführung des Kalibers .276 und dem Bau von 125 Waffen. Doch dann meldete sich kein Geringerer als Generalstabschef General Douglas MacArthur zu Wort und missbilligte eine Änderung des Kalibers ausdrücklich: die Streitkräfte besaßen nämlich noch riesige Lagerbestände an .30-Munition. Und so griff letztendlich der Kriegsminister Patrick Hurley selbst ein und ließ die Arbeiten am den .276-Waffen unverzüglich und endgültig stoppen.

Am 3. August 1933 wurde dann das Modell T1E2 offiziell als »Semi-Automatic Rifle, Caliber 30, M1« eingeführt. Nach Einrichtung der Vorserienfertigung fand im Mai 1934 mit 75 Waffen ein Truppenversuch bei Infanterie (50 Stück) und Kavallerie (25 Stück) statt. Dabei traten diverse Störungen und Probleme auf und zwangen zu einer erneuten Überarbeitung der Konstruktion. Und natürlich waren wieder neue Tests erforderlich. So zog sich die Zeit hin, bis das Gewehr am 9. Januar 1936 endlich als neues Standard-Dienstgewehr akzeptiert werden konnte. Die Serienfertigung bei Springfield Armory lief zunächst langsam an mit zehn Gewehren pro Tag und steigerte sich innerhalb von zwei Jahren auf einen täglichen Ausstoß von 100 Stück. In die laufende Fertigung flossen ständig Verbesserungen ein, denn manche Unzulänglichkeiten zeigten sich erst jetzt im täglichen Dienstgebrauch.

Die tiefgreifendste Veränderung am M1 Garand betraf das Gassystem. Ursprünglich besaß die Waffe ein Art Mündungsaufsatz, in dem die dem Geschoss folgenden Verbrennungsgase gestaut und auf einen beweglichen, unterhalb des Laufs in einem Zylinder liegenden Gaskolben umgeleitet werden. Durch den Druck wird der Kolben nach hinten gepresst, das fest mit ihm verbundene Steuerstück entriegelt im Rücklauf den Verschluss und läuft mit

Die Munition wurde in Laderahmen mit je 8 Patronen geladen. Das Nachladen einzelner Patronen war nur schwer möglich.

diesem um etwas mehr als eine Patronenlänge zurück. Dabei wird die leere Hülse ausgeworfen und der darunter verdeckt angebrachte Hammer gespannt. Daraufhin drückt die in einer Bohrung im Gaskolben liegende Schließfeder das System nach vorne, der Verschluss schiebt die nächste Patrone ins Patronenlager, wird durch das Steuerstück gedreht und damit verriegelt. Die Waffe ist schussbereit.

Dieser Vorrichtung verdanken die frühen Waffen ihren Namen »Gas Trap Garand«. Zur damaligen Zeit waren Selbstladegewehre noch immer eine sehr neue Art von Waffe, und dementsprechend gering waren die Erfahrungen damit. Für das Militär schien Garands Gassystem sehr vorteilhaft zu sein: Die ganze Vorrichtung ließ sich am Stück abbauen und durch ein Neuteil ersetzen. Ein nicht unwichtiger Aspekt in Zeiten, in denen noch korrosive Zündhütchen mit Knallquecksilberfüllung den Metallteilen übel zusetzten. Und während der Erprobung hatte es auch zuverlässig funktioniert. Nun aber im harten Ausbildungsalltag zeigte sich die Störanfälligkeit. Beim Einsatz des Bajonetts wirkten starke Kräfte auf den Mündungsaufsatz. Beim feldmäßigen Reinigen verfing sich gerne Reinigungsmaterial im Mechanismus und war auf die Schnelle nur schwer wieder zu entfernen. Zudem bildeten sich durch intensives Schießen Ablagerungen, an die man ohne Zerlegen nicht zur Reinigung herankam. In wenigen Fällen kam es sogar vor, dass sich der Mündungsaufsatz lockerte, dann von einem Geschoss gestreift und dabei komplett abgerissen wurde.

Im Mündungsaufsatz stauen sich die Verbrennungsgase und wirken über einen Gaskolben auf den Verschluss.

Blick auf die Gasentnahme und den Gaskolben an einem Ausbildungsschnittmodell.

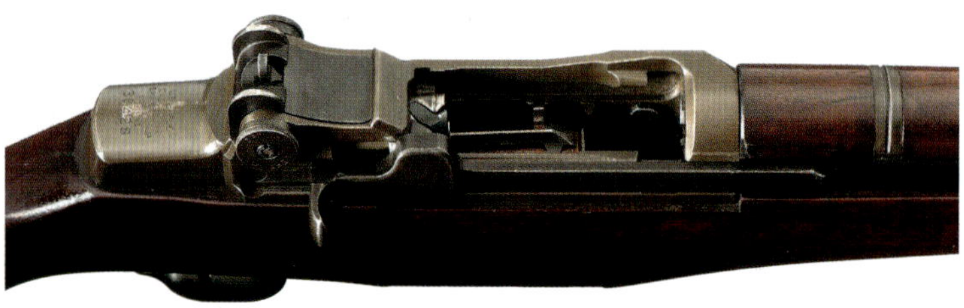

Der Garand läßt sich nur mit einem vollen Laderahmen mit 8 Patronen laden. Nach Verschuss der letzten Patrone wird der leere Rahmen nach oben herausgeschleudert.

John Garand blieben diese Probleme nicht verborgen, und er konstruierte eine neue Gasentnahme für den M1. Er bohrte den Lauf nahe der Mündung an und leitete die Gase durch diese Bohrung in den Gaszylinder unterhalb des Laufs, wo sie auf den darin verborgenen Kolben wirkten. Der bisherige Zylinder und die Schubstange mit Kolben konnten weiterverwendet werden, lediglich ein neuer, 5 cm längerer Lauf war nötig. Dafür entfiel die komplizierte Mechanik und das ganze Gassystem war jetzt wesentlich einfacher zu reinigen. Die Umstellung der Serienfertigung begann im März 1940, doch noch im August wurden alte Modelle komplettiert und ausgeliefert. Insgesamt entstanden davon 46 000 Stück. Heute ist diese frühe Ausführung eine Rarität, denn die meisten davon rüstete Springfield Armory in den Folgejahren auf den neuen Stand um.

Auch die Art der Patronenzufuhr stellte sich im Laufe der Zeit als nicht optimal heraus. John Garand verzichtete auf ein ansteckbares Magazin und packte stattdessen acht Patronen in einen Laderahmen (Cartridge Clip) aus Federstahl. Nur komplett gefüllt bleiben die Patronen darin klemmen. Bei geöffnetem Verschluss wird vom Schützen ein gefüllter Rahmen von oben so weit in den Magazinkasten gedrückt bis er einrastet. Der gefederte Zubringer wird dabei ebenfalls heruntergedrückt. Beim Vorschnellen des Verschlusses wird jeweils die oberste Patrone aus dem Rahmen geschoben und ins Patronenlager befördert. Nach dem letzten Schuss bleibt der Verschluss offen und der leere Laderahmen wird nach oben ausgeworfen, was ein schnelles Nachladen erlaubt. Hierbei erzeugt der

Der M1 Garand in alle seine Einzelteile zerlegt. [Foto: C&Rsenal]

Mechanismus auch das charakteristische »Pling«-Geräusch. Im Gegensatz zu den hartnäckigen Gerüchten, dass dieses Geräusch verräterisch sei und der Gegner hören könne, dass der Schütze keine Munition mehr im Gewehr hatte, spielte dies in Wirklichkeit keine Rolle. Einer extra angeordneten Untersuchung der U.S. Army zufolge war das Geräusch viel zu leise, um im Gefechtslärm überhaupt vom Gegner wahrgenommen zu werden.

Im Verlauf des Krieges zeigten sich jedoch diverse Nachteile dieses Systems. Das Laden musste gut geübt werden, denn der Verschluss schnellt von alleine vor, sobald der Druck des Daumens vom Laderahmen genommen wird. Ist der Schütze nicht schnell genug, quetscht er sich sehr schmerzhaft den Daumen ein, was zum berühmt-berüchtigten »Garand thumb« führt. Erfahrene Schützen blockieren deshalb zur Sicherheit mit der Außenseite der Ladehand den Spanngriff in seiner hinteren Stellung. Das Nachladen einzelner Patronen war unter Gefechtsbedingungen nicht möglich. Vor dem Nachladen musste also der Laderahmen ausgeworfen werden, entweder durch Leerschießen oder durch Betätigen eines gefederten Drückers auf der Gehäuseseite. Dann aber fielen die übrigen Patronen aus dem Laderahmen und verstreuten sich auf dem Boden. In der Praxis führte dies oftmals zu Munitionsverschwendung, denn die schmutzigen Patronen sammelte kaum ein Soldat wieder ein, und dank des gut funktionierenden Nachschubs mangelte es den Amerikanern nur selten an Munition. Erst in jüngerer Zeit werden auch spezielle Laderahmen für weniger als acht Patronen für den zivilen Markt gefertigt.

Als Zubehör gab es für den M1 Garand im Laufe seines Einsatzlebens verschiedene Bajonette. Sie dienten aber vornehmlich als Werkzeug oder Nahkampfwaffe, denn die Zeiten ruhmvoller Bajonettangriffe waren längst vorbei. Nach Aufstecken des »M1 Grenade Launcher« auf die Laufmündung und Verriegeln hinter der Bajonetthalterung konnten mit dem M1 Garand diverse Gewehrgranaten verschossen werden. Hilfreich dafür war das ansteckbare M15 Granatvisier, dessen Halterung jedoch dauerhaft mit zwei Schrauben seitlich am Holzschaft befestigt werden musste. In der Praxis schossen die meisten Soldaten ohne dieses Visier rein nach Gefühl. Zur Auswahl standen Hohlladungs-Panzerabwehrgranaten, Sprenggranaten gegen Infanterie, Fallschirmleuchtgranaten zur Gefechtsfeldbeleuchtung und verschiedene Sonderformen mit Reizgas- oder Phosphorfüllung. Da zum Abschuss nur spezielle Treibpatronen ohne Geschoss verwendet wurden, war die Ladeprozedur mittels Laderahmen ziemlich umständlich und kostete den Schützen beim Wechsel von Gefechts- auf Treibpatronen und zurück mitten im Kampf wertvolle Zeit. In einem kleinen Fach im Holzkolben konnte Reinigungszeug verstaut werden.

Einige Tausend Garands wurde auch als Scharfschützenwaffe mit Zielfernrohr eingesetzt. Die

Bei seiner Verabschiedung in den Ruhestand am 30. April 1953 erhielt John Garand die Waffe mit der Seriennummer 1.000.000 überreicht.

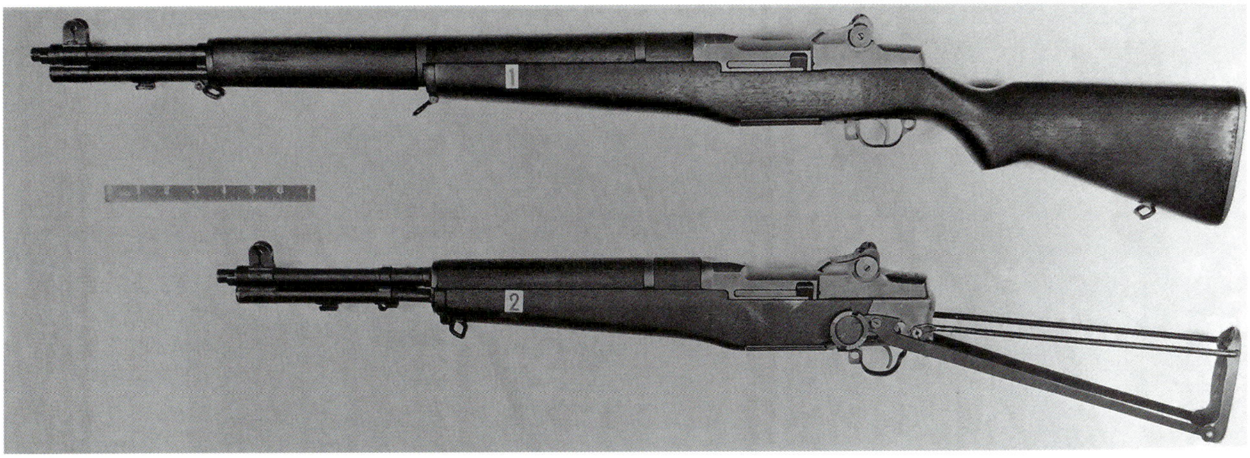

Auch ein Modell M1E5 mit Klappschaft wurde erprobt, ging jedoch nicht in Serie.

M1 Garand mit Gewehrgranatgerät M7, Granatvisier M15 und Gummipuffer auf dem Schaft.

Hier waren wohl deutsche Panzer in der Nähe. Mehrere Garands sind bereits mit Panzerabwehr-Gewehrgranaten M9 bestückt. Zwei andere haben das Bajonett aufgepflanzt.

Entwicklung ging nur langsam voran, und erst 1944 kam es zur offiziellen Einführung des Modells M1C als Standard-Scharfschützengewehr. Davon wurden während des Zweiten Weltkriegs 7971 Stück gebaut. Im Koreakrieg kamen nochmals 4796 Neufertigungen hinzu. Vom Nachfolgemodell M1D mit verbesserter Montage entstanden gar 21 380 Stück, aber sie kamen zu spät für den Einsatz in Korea. Als Sonderzubehör gab es aufsteckbare Mündungsfeuerdämpfer, den frühen trichterförmigen M2 und den späteren schmalen M37 mit Längsrillen.

Scharfschützenausführung mit Zielfernrohr und Mündungsfeuerdämpfer (Korea, August 1950).

Bis Ende des Zweiten Weltkriegs fertigten Springfield Armory und die Winchester Repeating Arms Company über 5,4 Millionen Stück des M1 Garand. Der Tagesausstoß lag im Januar 1940 bei 600 Stück. Obwohl der Garand bereits seit 1936 offiziell das Standard-Gewehr der Streitkräfte war, reichten die ausgelieferten Stückzahlen zunächst nicht für eine vollständige Bewaffnung aus. Und so zogen viele Soldaten noch mit dem betagten Repetiergewehr M1903 in den Krieg. Manche von ihnen wollten ihr Gewehr aber auch bewusst nicht eintauschen – vor allem die älteren Kämpfer misstrauten zunächst der neuen Selbstladetechnik. Es war ein langwieriger Prozess, ehe der M1 Garand das volle Vertrauen der Truppe gewann. Im Kampf war der Garand, bedingt durch seine Feuerrate von etwa 40 Schuss pro Minute, den gegnerischen Repetiergewehren überlegen. Und Selbstladegewehre gab es auf Seite der Achsenmächte nur in sehr geringer Stückzahl.

Nach dem Krieg endeten alle Fertigungsaufträge. Das Ordnance Department beschränkte sich in den Folgejahren auf die Reparatur und Überarbeitung der vorhandenen umfangreichen Bestände. Springfield Armory fertigte in den Jahren 1946/47 beispielsweise 331 854 neue Läufe. Mit Ausbruch des Koreakriegs 1950 überstieg der Bedarf jedoch schon bald den Bestand, und das Verteidigungsministerium vergab neue Fertigungsaufträge an den Nutzfahrzeughersteller International Harvester (Juni 1951) und an die Harrington & Richardson Arms Company (April 1952). Springfield Armory diente als Zulieferer von einzelnen Komponenten und baute noch Restbestände aus dem eigenen Lager zusammen. Die Einrichtung der Fertigung bei der im Waffenbau unerfahrenen Firma International Harvester zog sich länger hin, und erst im Herbst 1952 konnten die ersten Waffen ausgeliefert werden. Doch kaum kam die Serienfertigung richtig in Schwung, endeten im Juli 1953 die Kampfhandlungen in Korea. Bis zum Produktionsstopp im Jahre 1956 fertigte International Harvester 337 623 Stück und Harrington & Richardson 428 600 Stück. Den allerletzten Serien-Garand stellte Springfield Armory am 17. Mai 1957 fertig – zelebriert mit einem großen Festakt unter Anwesenheit von John Garand.

Während des Zweiten Weltkriegs weckte der M1 Garand das Interesse der Japaner. Die Geschichte des dortigen Nachbaus »Type 4« wird in einem späteren Kapitel erzählt. Italien besaß nach dem Krieg größere Mengen des M1 Garands aus US-Beständen und bewaffnete damit seine Nachkriegsarmee. Allerdings passte dessen Originalkaliber bald nicht mehr zum Waffenarsenal der NATO mit dem Standardkaliber 7,62 x 51 mm. Beretta überarbeitete den veralteten Garand, verpasste ihm ein ansteckbares Magazin für 20 Patronen, ein abklappbares Zweibein und eine kombinierte Mündungsbremse mit Feuerdämpfer und Gewehrgranaten-Abschussvorrichtung. Die Waffe konnte jetzt auch Feuerstöße schießen. Ihre Einführung erfolgte 1959 unter der Bezeichnung »BM 59« und im Laufe der Zeit entstanden verschiedene Varianten, wie etwa die Ausführung TA mit Metallklappschaft für die Gebirgstruppen (Truppe Alpine). Zum Aufbau der Serienfertigung in Brescia wurden von Winchester sämtliche Fertigungsmaschinen aus der Kriegszeit nach Italien verschifft. Beretta konnte als Kunden auch Argentinien, Bahrain und Marokko gewinnen und einige Exporterfolge verbuchen. Die Defense Industries Corporation in Nigeria und Pindad in Indonesien erwarben die Rechte zum Nachbau im eigenen Land. Die halbautomatischen Modelle BM 62 und 69 lieferte Beretta als Sportwaffen in die USA. Um 1990 führten die italienischen Streitkräfte das Sturmgewehr Beretta AR 70 ein, und die BM 59 wanderten in die Reserve oder wurden verschrottet.

Technische Daten	
Hersteller:	Springfield Armory, Winchester, International Harvester, Harrington & Richardson
Produktionszeit:	1936–1957
Kaliber:	.30-06 Springfield
Länge:	1100 mm
Lauflänge:	610 mm
Gewicht (ungeladen):	4,3 kg
Magazinkapazität:	8 Patronen im Laderahmen

M1 Carbine

Manchmal wird er liebevoll »Baby Garand« genannt, doch mit seinem großen Bruder hat der M1 Carbine kaum etwas gemeinsam. Sein Entstehen verdankt er der Erkenntnis, dass gewöhnliche Infanteriegewehre für viele Truppenteile zu schwer und zu unhandlich sind. Rückwärtige Einheiten, Nachschub- und Transportsoldaten oder auch Artilleristen hatten seltener direkte Feindberührung. Für sie war ein schweres Gewehr nur eine zusätzliche Belastung. Das Kriegsministerium hoffte, mit einem leichten Selbstladegewehr sowohl die Pistolen als auch die Maschinenpistolen in solchen Einheiten ersetzen zu können. Und auch Spezialeinheiten wie etwa Fallschirmjäger sollten vom geringeren Gewicht und den kompakten Abmessungen profitieren. Im Kampfeinsatz hatte eine Langwaffe auf jeden Fall eine größere Reichweite und bessere Präzision als eine Pistole.

Bis Oktober 1940 stellte die U.S. Army einen Anforderungskatalog zusammen. Die meisten Angaben waren sehr allgemein gehalten, um die Bewerber in ihren Ideen nicht zu sehr einzuschränken. Lediglich bei der Munition legte man sich auf eine leichte Patrone im Kaliber .30 fest. Die »Caliber .30 SL, M1« (7,62 x 33 mm) entspricht einer randlosen Version der Patrone .32 Winchester SL (self loading), die damals im Selbstladegewehr Winchester Model 05 verschossen wurde. Somit besitzt der Carbine denselben Laufdurchmesser wie der Garand, nur liegt seine Mündungsgeschwindigkeit aufgrund der schwächeren Patrone mit etwa 600 m/s deutlich unter der des Garands mit etwa 850 m/s. Die Einsatzreichweite sollte 300 yard (275 Meter) betragen, das Gesamtgewicht die 6 Pfund (2,3 kg) nicht überschreiten und die Waffe aus möglichst wenigen Einzelteilen bestehen. Außer-

Der M1 Carbine wurde ursprünglich ohne Bajonetthalterung ausgeliefert. Erst gegen Kriegsende war diese serienmäßig angebracht und ältere Waffen wurden nachgerüstet.

Durch die schwächere Patrone konnte das System klein und kompakt gehalten werden.

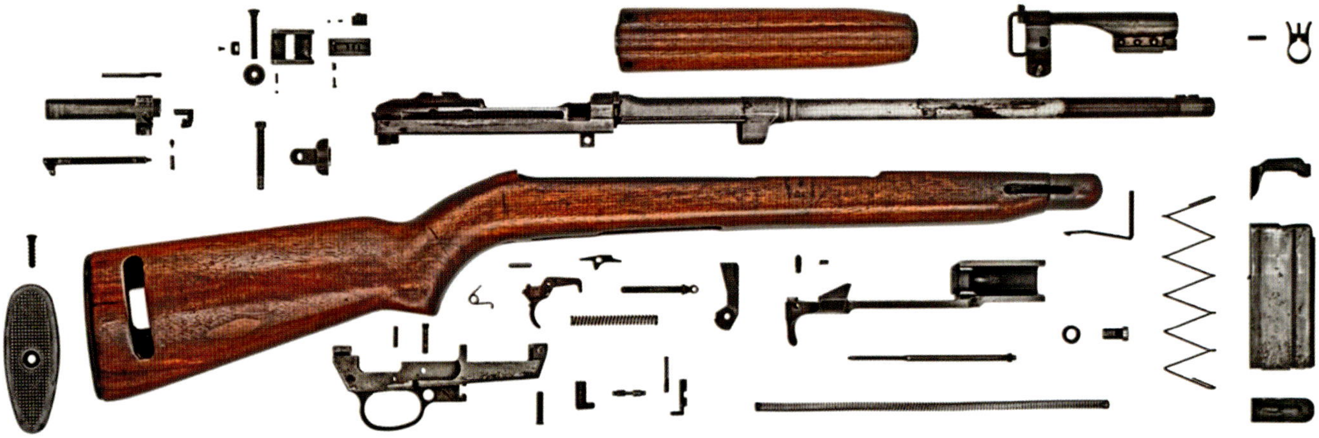

Der M1 Carbine zerlegt in seine wenigen Einzelteile.

dem sollte eine Umschaltmöglichkeit auf vollautomatisches Feuer angebracht werden, die nur mit einem speziellen Werkzeug zu bedienen ist.

Ein erstes Erprobungsschießen war für den 1. Februar 1941 geplant, verschob sich aber wegen Lieferschwierigkeiten bei der Munition auf Mai. Bis dahin lagen neun Prototypen von Colt, zweimal Springfield Armory, Bendix Aviation, Auto-Ordnance, Murphy & Kohler, Savage Arms, Harrington & Richardson und Woodhull vor, von denen aber keiner überzeugen konnte. Immerhin strich das Ordnance Department die Dauerfeuermöglichkeit und das lange 50-Schuss-Magazin aus der künftigen Anforderungsliste. Einen zweiten Termin setzte man für den 15. September an. Die Winchester Repeating Arms Company war zu dieser Zeit mit der Serienfertigung des M1 Garands vollauf beschäftigt und hatte deshalb keinen Vorschlag für den ersten Test eingereicht. Auf Bitten des Ordnance Department, das auf die Ideen eines solch erfahrenen Waffenherstellers nicht verzichten wollte, nahm Winchester nun am zweiten Test teil. Innerhalb von nur 13 Tagen entstand somit das »Winchester Cal. .30 Light Rifle«, gerade noch rechtzeitig für die Versuchsreihe. Die knappe Entwicklungszeit verhinderte allerdings intensivere Beschuss- und Funktionstests vorab beim Hersteller. Trotz des Zeitdrucks erwies sich Winchesters Waffe als aussichtsreiche Konstruktion, und die Firma durfte noch eine überarbeitete Version mit einigen Verbesserungen nachreichen.

Der Schnitt durch die Gasentnahme zeigt den Kanal, der den Gasdruck auf die Mechanik zum Antrieb des Verschlusses ableitet.

Am 25. September endete die Versuchsreihe, und nach Auswertung aller Ergebnisse stand fünf Tage später die Entscheidung fest: Winchesters Waffe sollte nach einigen kleineren Verbesserungen als »Carbine, Caliber .30, M1« eingeführt werden. Die Munition erhielt die Bezeichnung »Cartridge, Carbine, Caliber .30, M1«.

Bereits unmittelbar nach Abschluss der Tests, und somit noch vor der offiziellen Einführung, nahm Winchester Kontakt mit einem der hartnäckigsten Konkurrenten auf: der Inland Manufacturing Division von General Motors. Deren Waffe war nur auf dem zweiten Platz gelandet. Aber angesichts der Kriegsverlaufs eilte es dem Ordnance Depart-

Die Ausführung M1A1 mit Klappschaft wurde speziell für Fallschirmjäger eingeführt.

ment, und Winchester konnte unter diesem Zeitdruck nicht alle Arbeiten alleine erledigen. Bei seiner Einführung lief der Karabiner noch unter der Bezeichnung »Improved Prototype«. In aller Eile musste Winchester nun Konstruktionszeichnungen und Fertigungspläne anfertigen. Die Waffe sollte im ganzen Land verteilt bei verschiedenen Herstellern gefertigt werden und alle Einzelteile untereinander voll austauschbar sein. Um dieses Vorhaben nicht durch Wettbewerbsdenken zu gefährden, erwarb die Regierung sämtliche Fertigungsrechte von Winchester für einmalig 868 000 US-Dollar.

Für einen weiteren Test im Winter 1941/42 wurden von beiden Firmen jeweils fünf Musterwaffen angefordert. Die Überlastung von Winchester führte zu der kuriosen Situation, dass Inland seine Waffen schon im August fertig hatte, während Winchester bis Oktober brauchte. Nach diesem Test begann die Einrichtung der Serienfertigung. Die ersten Serienwaffen von Inland kamen im Juni 1942 zur Auslieferung. Bei Winchester dauerte es bis September. Das neu gegründete Carbine Industry Integration Committe war nun zuständig für die Auswahl der Hersteller und Zulieferer und vergab Fertigungsaufträge an zehn verschiedene Firmen:

Irwin-Pedersen schaffte es als einziger Hersteller nicht, seinen Auftrag zu erfüllen. Der Anlauf der Fertigung geschah unkoordiniert und man hinkte dem Zeitplan von Beginn an hinterher. Nach nur etwa eintausend Stück, von denen noch keine ausgeliefert waren, übernahm die Saginaw Steering Gear Division das Irwin-Pedersen-Werk in Gran Rapids. Bis Mitte 1944 waren alle Aufträge abgearbeitet, und nur noch Winchester und Inland fertigten weiter bis August 1945.

In etwas mehr als drei Jahren entstanden über sechs Millionen M1 Carbines. Die meisten Hersteller hatten zuvor nie etwas mit Waffen zu tun gehabt. Rock-Ola etwa fertigte Spielautomaten und Jukeboxen, Underwood und IBM waren Spezialisten für Büromaschinen, und Saginaw stellte Getriebe für die Fahrzeuge von General Motors her. Der Aufbau einer solchen Massenfertigung in solch kurzer Zeit ist eine beeindruckende Demonstration der damaligen amerikanischen Wirtschaftsmacht.

Zur Ausstattung der Fallschirmjäger führte man im Mai 1942 die Version M1A1 mit einem von Inland entwickelten Klappschaft ein. Technisch entspricht sie völlig dem Standardmodell M1. Lediglich der

Gesamtfertigung	
Winchester Repeating Firearms Company, New Haven (Connecticut)	828 059
Inland Manufacturing Division of General Motors, Dayton (Ohio)	2 632 097
Underwood-Elliot-Fisher, Hartford (Connecticut)	545 616
Rock-Ola Manufacturing Corporation, Chicago (Illinois)	228 500
Quality Hardware Machinery Corporation, Chicago (Illinois)	359 666
National Postal Meter, Rochester (New York)	413 017
Standard Products, Port Clinton (Ohio)	247 100
International Business Machines IBM, Poughkeepsie (New York)	346 500
Saginaw Steering Gear Division of General Motors, Saginaw (Michigan)	517 212
Irwin-Pedersen Arms Company, Grand Rapids (Michigan)	ca. 1000

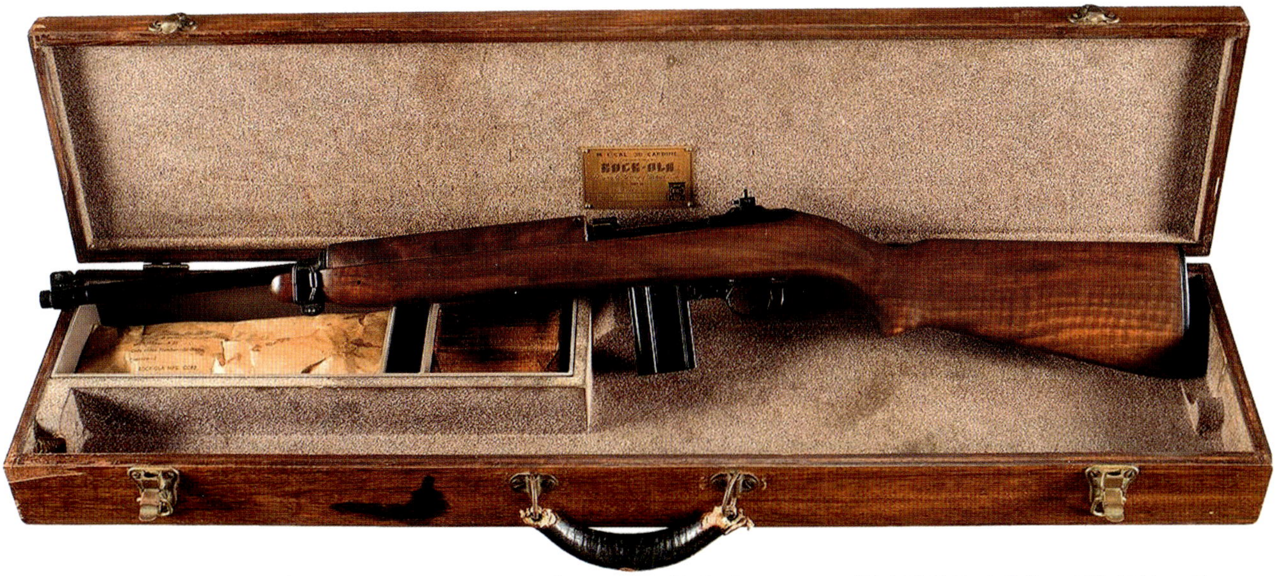

Rock-Ola in Chicago fertigte die geringste Menge an Carbines. Hier die Seriennummer EX-6095440 als Präsent für H. Veneklasen im Kriegsministerium.

Blick in die Fertigung der Verschlüsse (Department 22) bei National Postal Meter in Rochester. Auf der Tafel ist auch das Datum des letzten Arbeitsunfalls aufgeschrieben.

modifizierte Holzschaft besitzt hinter dem Abzugsbügel einen Pistolengriff, an welchem der seitlich anklappbare Schaft aus Profilrohr angebracht ist. So lässt sich jeder Karabiner durch Austausch des Schaftes in einen M1A1 verwandeln. Alle während des Zweiten Weltkriegs hergestellten M1A1 stammen von Inland, wobei das jeweilige Gehäuse einfach aus der laufenden M1-Fertigung entnommen wurde. Der größte Zulieferer, die Firma S.E. Overton aus South Haven, lieferte 239 747 Klappschäfte, die anderen nur wenige Tausend. Genaue Fertigungszahlen des M1A1 sind nicht bekannt, und viele Waffen wurden erst nach Kriegsende um- oder wieder rückgebaut.

Premierminister Winston Churchill schießt einen M1 Carbine bei der U.S. 2nd Armoured Division („Hell on Wheels“) im südenglischen Salisbury Plain (23. März 1944).

Stempelung auf einem vollautomatischen M2 Carbine. Links ist der Feuerwahlhebel zu erkennen.

Oberstleutnant François Talon mit seinem umgehängten M1A1 Carbine an der Grenze zwischen Laos und Kambodscha im August 1951. Er starb 1969 im Alter von 36 Jahren in Saigon.

Schauspieler James Stewart mit David Marshall Williams alias »Carbine Williams«, den er im gleichnamigen Kinofilm verkörperte. Williams war ein illegaler Schnappsbrenner, verurteilter Polizistenmörder und Entwickler des beim M1 Carbine verwendeten Gassystems mit kurzem Gaskolbenrücklauf.

Kampfpause in Korea neben einem erbeuteten Maschinengewehr DP28. Der Soldat hält einen M1 Carbine mit M8 Gewehrgranatgerät. In die Webstofftasche am Kolben passen zwei Magazine für den schnellen Zugriff.

Sich einmal wie ein Erwachsener fühlen – zwei vietnamesische Kinder spielen Soldat mit M2 Carbines. Der Gummiüberzug am Magazin der linken Waffe schützt die Patronen vor Feuchtigkeit und Schmutz.

Auch die Soldaten der koreanischen 9. Infanterie-Division »White Horse« führten den Carbine in Vietnam.

Im Mai 1944 begann die Versuchsreihe T4 zum (nachträglichen) Einbau einer Umschaltvorrichtung auf Dauerfeuer. Aus dem Anforderungskatalog von 1940 war diese Funktion einst gestrichen worden. Nun aber wünschte sich die Truppe eben diese. Winchester entwickelte zusammen mit Springfield Armory und Inland ein entsprechendes Teilesortiment. Es konnte entweder direkt während der Herstellung oder auch nachträglich in jeden M1 eingebaut werden. Mit der offiziellen Einführung des Modells im Oktober 1944 erhielt es die Bezeichnung »Carbine, Caliber .30, M2«. Die Serienfertigung des M2 begann bei Inland im Februar und bei Winchester im Mai 1945 und endete bei beiden Firmen bereits im August wieder. In dieser kurzen Zeit liefen 554 601 Stück von den Bändern (537 101 bei Inland und 17 500 bei Winchester). Da die Gehäuse von M1 und M2 identisch sind, unterscheiden sie sich nur durch die Modellbestempelung. Bei späteren Umbauten wurde oft die 1 nachträglich mit einer 2 überstempelt.

Bei diesen sogenannten Inspect and Rebuild Operations zerlegte man die M1, M1A1 und M2 Carbines komplett in ihre Einzelteile, prüfte diese und tauschte beschädigte und abgenutzte Teile aus. Danach wurden die Waffen wieder zusammengebaut, aber ohne Rücksicht auf die ursprüngliche Zusammengehörigkeit der Teile. Es ging rein um eine einwandfreie Funktion. Im Zuge dieser Arbeiten erhielten die Waffen größtenteils auch die neueste Version bestimmter Einzelteile, wie etwa das Laufhalteband mit Bajonetthalter, die verstellbare Kimme oder eben auch die Feuerwahleinrichtung. Für Sammler und Historiker ist dieser Nummernsalat und Versionenmix heutzutage ein wahrer Albtraum.

Entgegen der ursprünglichen Planung fand der Karabiner nicht nur bei rückwärtigen Einheiten und Spezialeinheiten Verwendung. Immer mehr gelangten an die Front und viele Soldaten nahmen die leichte und handliche Waffe dankbar an. Dabei wurde dann natürlich auch Kritik laut – insbesondere über die zu schwache Patrone. So mancher Feind war erst nach mehreren Treffern kampfunfähig. Doch hier verglich man sprichwörtlich Äpfel mit Birnen, denn der Karabiner war nie als Ersatz für den Garand gedacht.

Eben jene Frontverwendung regte dann auch die Entwicklung von diversem Zubehör an. Mit dem M8-Gewehrgranatgerät und dem M15-Granatvisier ließen sich dieselben Gewehrgranaten verschießen wie mit dem Garand. Der M1-Feuerdämpfer reduzierte das verräterische Mündungsfeuer. Und im Herbst 1943 brachte das Army Jungle Warfare Committee die Entwicklung von passenden Zielfernrohren und Nachtsichtgeräten (Infrarot-Bildverstärker) in Gang.

Für Kämpfe in der Dämmerung und in der Nacht kamen verschiedene Infrarot-Nachtsichtgeräte zum Einsatz. Sie waren allesamt relativ sperrig und schwer. Und sie benötigten eine Batterie, die sich der Schütze umhängte oder auf dem Rücken trug.

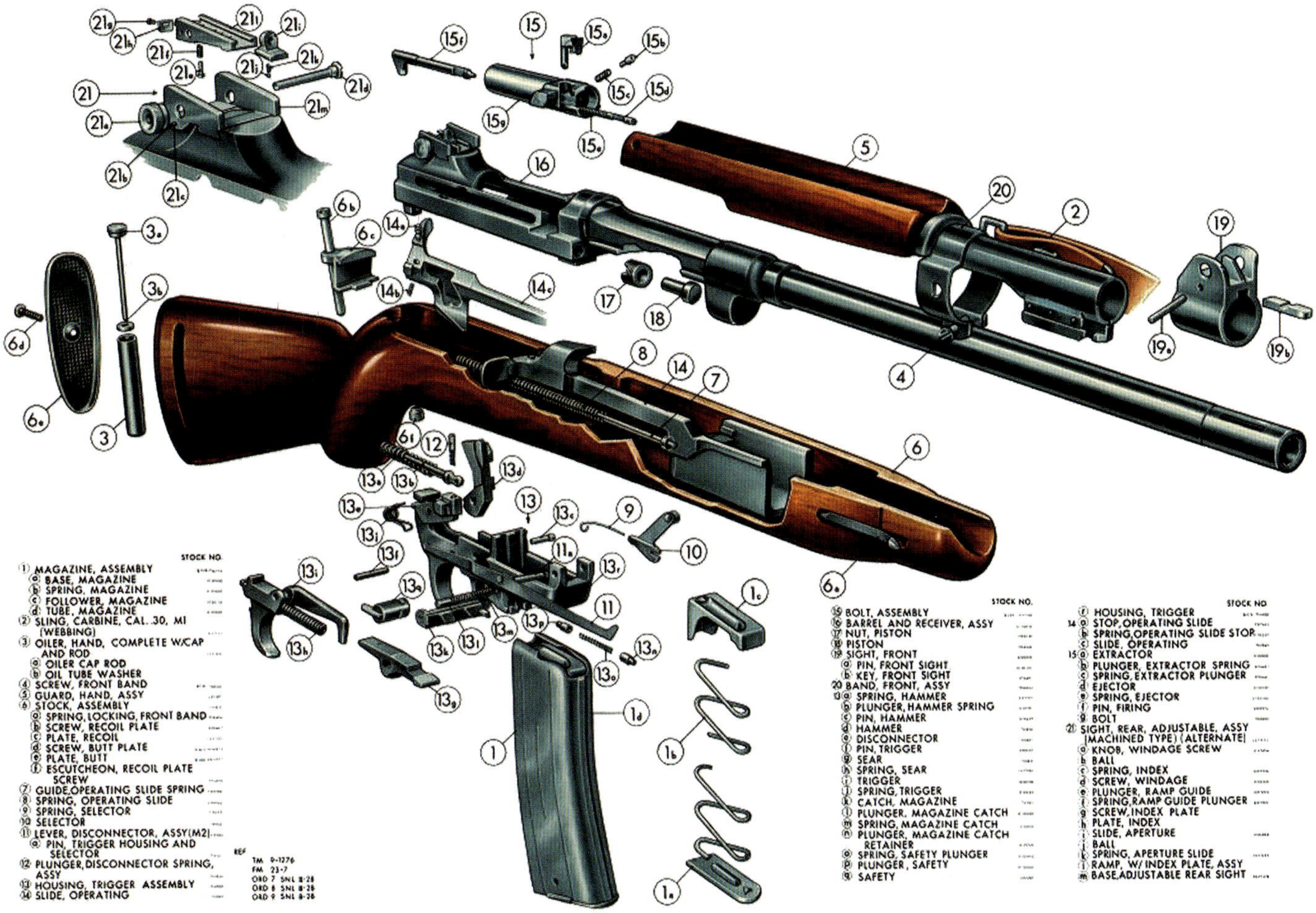

Schaubild eines zerlegten M2 Carbines aus U.S. Army Schulungsmaterial.

Technische Daten:	
Hersteller:	Winchester Repeating Arms Company
	Inland Mfg. Division and Saginaw Steering Gear
	Underwood
	IBM
	Rock-Ola Manufacturing
	National Postal Meter
	Standard Products Co.
	Quality Hardware Co.
Produktionszeit:	1942–1960
Kaliber:	.30 Carbine (7,62 x 33 mm)
Länge:	904 mm
Lauflänge:	457 mm
Gewicht (ungeladen):	2,48 kg
Magazinkapazität:	15 und 30 Patronen
Feuerrate:	45 Schuss/min

Johnson M1941

Außer dem M1 Garand fand noch ein weiteres Selbstladegewehr seinen Weg in die Hände der amerikanischen Streitkräfte: Das Johnson Modell 1941. Und hätte der Garand zu dieser Zeit nicht schon so viele Jahre Entwicklungszeit und Geld verschlungen gehabt, wäre die Geschichte dieser Waffe wohl gänzlich anders verlaufen. Doch so blieb sie nur eine Randgeschichte, wenn auch eine interessante.

Melvin Maynard Johnson Jr. kam im August 1909 in Boston zur Welt. Die Familie war ziemlich einflussreich, der Vater ein bekannter Anwalt mit Kontakten in die besseren Schichten der Gesellschaft. Auch für den Sohn sah man die berufliche Zukunft in diesem Umfeld, und so machte er 1934 seinen Abschluss an der Harvard Law School. Große Begeisterung für den Anwaltsberuf erwachte in Johnson Junior jedoch nicht – vielmehr interessierten ihn von klein auf Waffen und deren Technik. Und so zog es ihn nach dem Studium erstmal zum Militär. Er trat der Marine Corps Reserve im Rang eines Second Lieutenants bei und durchlief mehrere Fortbildungen in Waffentechnik an der Marine Corps Weapons School in Quantico (Virginia).

Zu jener Zeit befand sich der M1 Garand in der Erprobungsphase und war bereits als zukünftiges Selbstladegewehr der U.S. Army auserkoren. Und da sich das Marine Corps waffentechnisch meistens an der Army orientierte, wollte es ebenfalls Einblick in die Entwicklung haben. Johnsons schnelle Auffassungsgabe und technisches Geschick blieben den Vorgesetzten nicht verborgen, und so schickte man ihn als Beobachter der Arbeiten rund um den Garand nach Springfield.

Was er dort sah, begeisterte ihn nicht. Johnson hielt den Garand zwar prinzipiell für ein gutes Gewehr, aber eben eines mit ziemlich viel Verbesserungspotential. Die Funktionsweise als Gasdrucklader hielt er für zu anfällig, sowohl von der Mechanik als auch von der Munitionsqualität her. Ebenso missfiel ihm das Laden mit den Clips, die das Nachladen einzelner Patronen unmöglich machten. Und die ganze Fertigung war material-, zeit- und kos-

Johnson M1941 mit der niedrigen Seriennummer 0104 und zugehörigem Bajonett.

Viele Schaftrohlinge mussten für das Trommelmagazin verbreitert werden.
Das aufgeleimte Holz weist oft eine andere Färbung auf (Seriennummer B1218).

Melvin Maynard Johnson Jr., Waffenkonstrukteur und Buchautor (Weapons of the Future) wurde nur 55 Jahre alt.

tenintensiv. Johnson war davon überzeugt, es besser zu können.

Nach einiger Bedenkzeit begann er 1935 mit der Entwicklung einer eigenen Selbstladewaffe. Da für ihn eine einfache Technik mit möglichst geringem Fertigungsaufwand wichtig war, entschied er sich bei der Funktionsweise für einen Rückstoßlader mit kurz zurückgleitendem Lauf. Für den Verschluss wählte er acht schmale Verriegelungswarzen statt der bislang üblichen zwei oder drei dicken Warzen. Dadurch reduzierte sich die zur sicheren Verriegelung notwendige Drehbewegung auf nur 20 Grad, und die somit eingesparte Energie kam dem Wiederladevorgang zugute. Um das Prinzip zu testen, bastelte sich Johnson mit Unterstützung einer lokalen Werkstatt ein grobes Versuchsstück aus Teilen diverser anderer Waffen. Wenn der Schuss bricht, bewegt sich der Lauf mitsamt dem darin verriegelten Verschluss 9,5 Millimeter nach hinten, bevor der Verschluss mit seinen Warzen über eine Steuerkurve gedreht und entriegelt wird. Zu diesem Zeitpunkt hat das Geschoss den Lauf verlassen und der Gasdruck ist abgesunken. Danach wird der Lauf von seiner eigenen Rückholfeder wieder nach vorn gedrückt, während der Verschluss noch weiter zurückläuft und die Hülse auswirft. Am Ende seiner Laufbahn wird er durch eine Feder abgebremst und ebenfalls wieder nach vorne gedrückt. Diese Feder befindet sich in einer Längsbohrung in der hölzernen Schulterstütze. Beim Vorlaufen schiebt der Verschluss eine neue Patrone aus dem Magazin ins Patronenlager und verriegelt sich durch Drehung. Die Versuchswaffe besaß kein Magazin und nur einen Laufstummel ohne Visierung. Es ging ja lediglich um die Funktionsweise. Und so probierte Johnson sie erstmal in einem Waldstück aus. Dort befestigte er sie in einer Halterung und betätigte den Abzug aus sicherer Entfernung über eine daran festgebundene Schnur. Die Waffe funktionierte zufriedenstellend.

Johnson ließ nun von der Werkstatt ein komplettes Gewehr nach seinen Vorgaben herstellen. Die Patronenzufuhr erfolgte über ein Vier-Schuss-Magazin. Da die Firma jedoch nie zuvor Waffen gebaut hatte, mangelte es außer an Erfahrung auch an Spezialmaschinen. Viele Komponenten, insbesondere die Schmiedeteile, konnten nicht so sauber, leicht und materialsparend gefertigt werden, wie es sich Johnson gewünscht hatte. Das Ergebnis war also kein Leichtgewicht. Doch zum Vorführen reichte es, und sein Vorhaben sprach sich bald bei den Marines herum. Immer wieder erhielt er Besuch, um den Fortschritt seiner Arbeit zu bestaunen. Im Sommer 1937 nahm Johnson seine Waffe mit nach Quantico und führte sie allen Interessierten vor. Wer mochte, durfte damit auch schießen.

Wegen dem runden „Bauch" bezeichneten die Soldaten ihr Gewehr oft als schwanger. Gezielt wurde über eine verstellbare Lochkimme.

Für die weiteren Arbeiten benötigte Johnson nun professionelle Unterstützung eines erfahrenen Waffenherstellers. Er fand sie bei der Marlin Firearms Company in North Haven (Connecticut) und ließ dort drei Prototypen mit Patronenzuführung aus BAR-Magazinen fertigen. Eine Waffe ging gleich nach ihrer Fertigstellung Anfang 1938 zur Erprobung nach Aberdeen Proving Ground. Eine andere führte Johnson etwas später persönlich in Fort Benning vor. Was genau sich dort abspielte, bleibt mysteriös. Johnson selber fühlte sich sabotiert – von einer U.S. Army, die den M1 Garand favorisierte und die lästige Konkurrenz aus dem Weg haben wollte. Die ihm zur Verfügung gestellte Munition stammte aus einem Los, welches für minderwertige Hülsen bekannt war. Und die Helfer beschädigten seine Magazine absichtlich beim Laden. Trotzdem konnten über 4000 Schuss verschossen werden, bei denen das Ordnance Department 86 Probleme zu Protokoll brachte. Für Johnson waren das aber keine Fehler seiner Waffe, sondern Hemmungen verursacht durch die schlechte Munition und die vorsätzlich misshandelten Magazine.

Ein Gutes hatte der Tag dennoch: Angeblich kam ihm im Gespräch mit anderen Offizieren die Idee für das integrierte Trommelmagazin. Viele vermissten die Möglichkeit zum Nachladen einzelner Patronen, wie es etwa beim Krag–Jørgensen mit seinem integrierten Magazin möglich war. Johnson entwarf mit dieser Idee im Hinterkopf eine fest eingebaute Trommel für zehn Patronen. Die seitliche Öffnung war durch eine gefederte Klappe verschlossen. Es konnten Fünf-Schuss-Ladestreifen angesteckt und die Patronen hineingedrückt werden. Oder eben lose Patronen Stück für Stück.

Johnson benötigte nun einige Prototypen, aber Marlin Firearms war zu diesem Zeitpunkt bereits mit Militäraufträgen eingedeckt und voll ausgelastet. Nach einiger Suche fand er einen neuen Partner in der Taft-Peirce Manufacturing Company in Woonsocket (Rhode Island). Ursprünglich als Nähmaschinenfabrik gegründet, war die Firma inzwischen zu einem bekannten Produzenten von Messlehren und Werkzeug geworden. Außerdem prüfte und optimierte Taft-Peirce die Fertigungsprozesse anderer Hersteller. Und da Johnsons Waffe einmal möglichst kostengünstig in Massenfertigung produziert werden sollte, sah er sich dort in guten Händen.

Ab Mitte 1938 arbeitete also Taft-Peirce an neuen Waffen, und wenige Monate später waren 14 Stück fertig. Sieben mit dem bisherigen Stangenmagazin (Seriennummern beginnend mit V für »vertical«) und sieben mit dem neuen integrierten Trommelmagazin (Seriennummern beginnend mit R für »rotary«). Johnson, zwischenzeitlich zum Captain befördert, führte diese neuen Waffen in mehreren Einrichtungen des Marine Corps vor. Einer seiner guten Freunde, Captain George O. Van Orden, nutzte im Frühjahr 1939 gar ein Gewehr für einen persönlichen Vergleichstest mit dem M1 Garand. Und auch Van Orden hatte einflussreiche Freunde, wie etwa F.C. Ness, Vorstandsmitglied der einflussreichen National Rifle Association of America und Autor in deren Mitgliedermagazin »American Rifleman«. Ness veröffentlichte nicht nur einen Bericht über Van Ordens Testergebnisse, sondern führte auch noch selber ein Vergleichsschießen durch. Beide Male bekam Johnsons Waffe viel Lob ab. Die Artikel von Ness erregten in Militärkreisen ziemliche Aufmerksamkeit, zumal in derselben Zeit der vor fast vier Jahren eingeführte Garand viel Kritik einstecken musste. Dies alles förderte die Bekanntheit von Johnsons Waffe ungemein, und die Zahl seiner Befürworter wuchs stetig.

Drei Monate nach dem deutschen Einmarsch in Polen führte Aberdeen im Dezember 1939 erstmals Versuche mit dem neuen Johnson-Gewehr mit Trommelmagazin durch. Das Programm dauerte ganze elf Tage, in denen 1200 Schuss bei Funktions- und Präzisionstests und 4000 Schuss im Dauerbelastungstest verschossen wurden. Außerdem musste die Waffe Schlamm-, Staub- und Wasserbäder sowie eine raue Handhabung über sich ergehen lassen. Am Ende standen nur 22 Hemmungen auf der Liste. Im Abschlussbericht wurden die Präzision, das einfache Zerlegen und Zusammensetzen, der abnehmbare Lauf, das Nachladen bei geschlossenem Verschluss, das Trommelmagazin und die Zuverlässigkeit bei Verschmutzung lobend hervorgehoben.

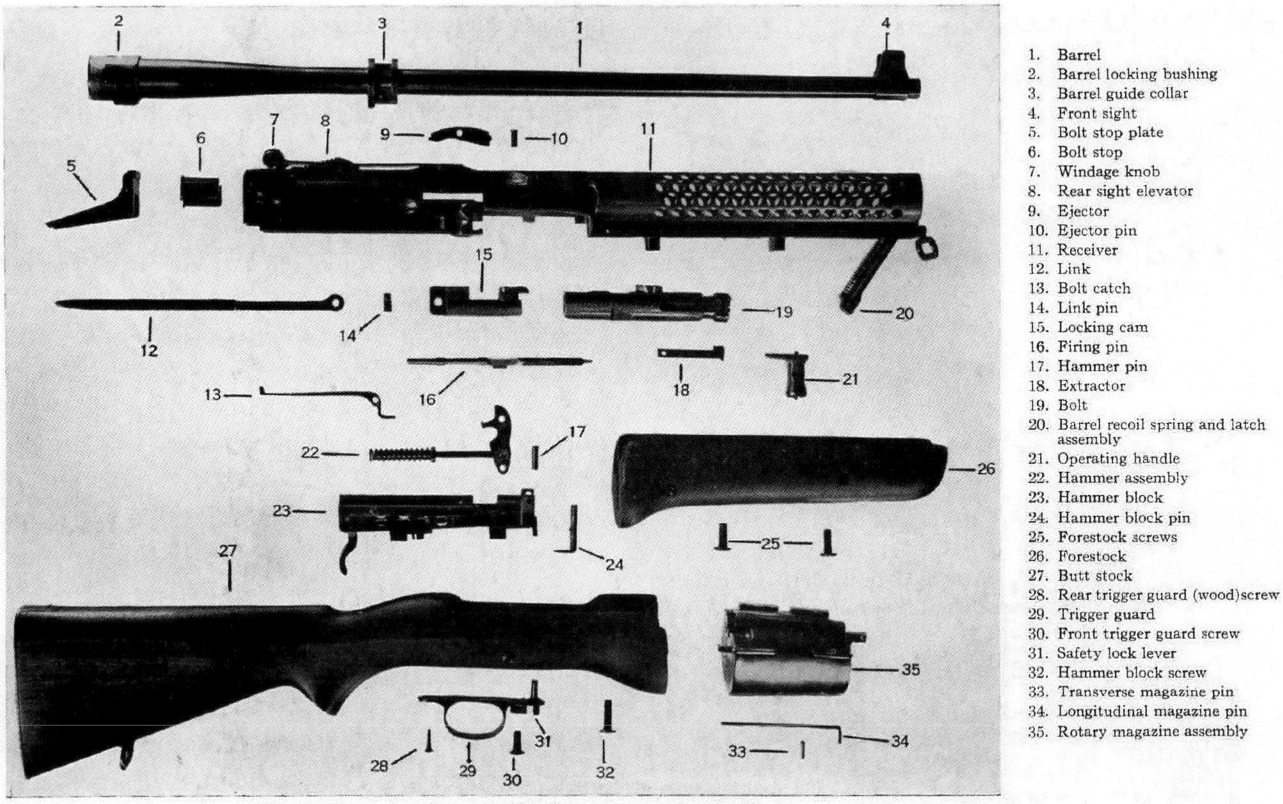

Fig. 13—Johnson Semi-Automatic Rifle, Type R, completely stripped.

Abbildung eines komplett zerlegten M1941 aus dem Handbuch. Das „Type R" steht für „rotary" wegen des Trommelmagazins, als Unterscheidung vom „V" für „vertical" mit Stangenmagazin.

Negativ hingegen fielen das Gewicht, die ungenügende Sicherung und das Fehlen eines Handschutzes auf. Und dann war da noch die Sache mit dem Bajonett: Johnson hatte für seine Waffe kein Bajonett vorgesehen, denn dessen zusätzliches Gewicht am Lauf störte den automatischen Ladevorgang. Um die Army zufriedenzustellen, entwarf er deshalb ein leichtgewichtiges Notbajonett. Alles in allem ein sehr positives Ergebnis. Doch zu Johnsons Überraschung war die U.S. Army nicht an weiteren Versuchen interessiert.

Johnson war zu diesem Zeitpunkt bereits klar, dass seine Waffe den Garand niemals ersetzen könnte. Dies wäre angesichts der bereits investierten Entwicklungszeit und Gelder schon politisch gar nicht möglich gewesen. Aber seine Waffe stand als brauchbare Alternative bereit, falls sich die Probleme mit dem Garand nicht hätten zeitnah beheben lassen. Das Marine Corps hatte übrigens bis dato weder den Garand noch irgendein anderes Selbstladegewehr eingeführt.

Die andauernden negativen Berichte über den Garand und das Lob für Johnsons Gewehr in der Presse führten letztendlich sogar zu einer Anhörung des Kongresses und einer offiziellen Untersuchung des Senats. Zahlreiche Senatoren nahmen im Mai 1940 an einer Vorführung mit Vergleichsschießen in Fort Belvoir teil. Die Army brachte mehrere nagelneue und bestens vorbereitete Garands mit, während Johnsons Gewehre schon durch vorherige Tests belastet waren. Beim Präzisionsvergleich zweier guter Schützen unterlag der Garand mit 436 zu 472 Punkten. Ansonsten schienen beide Waffen ebenbürtig zu sein. Der Kongress sah in keiner Waffe eine deutliche Überlegenheit, die eine Änderung der bisherigen Entscheidungen oder gar eine Umstellung der Fertigung auf eine neue Waffe gerechtfertigt hätte.

Nun ruhte Johnsons Hoffnung nur noch auf dem Marine Corps und einem möglichen Export in andere Länder. Im August 1940 bestellte die niederländische Exilregierung in London 70 000 Gewehre. Deren eigenes Land war zwar von den Deutschen besetzt, aber die Kolonien (Niederländisch-Indien) galt es noch gegen die Japaner zu verteidigen. Als Stückpreis wurden 125 US-Dollar vereinbart mit Liefertermin im Frühjahr des Folgejahrs. So kam die Waffe auch zu ihrer heute bekannten Bezeichnung M1941.

Johnsons zwischenzeitlich gegründete Firma »Johnson Automatics« konnte die Waffen nicht selber fertigen und fungierte nur als Vertriebsbüro. Ohnehin wollte er nie selber in die Waffenfertigung einsteigen, sondern seine Ideen und Konstruktionen verkaufen. Doch angesichts der kriegsbedingt voll ausgelasteten Rüstungsindustrie war kein Hersteller bereit, die Fertigung des niederländischen Auftrags zu übernehmen. Johnson mietete deshalb eine stillgelegte, aber noch mit Maschinen bestückte Fabrik der Universal Windings Company in Cranston (Rhode Island) an und gründete die Firma »Cranston Arms Company«. Probleme bereitete zunächst die Beschaffung von Laufziehmaschinen, welche damals als Mangelware nur über eine staatliche Warteliste erhältlich waren. Die Schaftfertigung übernahm ein Subunternehmer. Da das übliche Schaftholz für die Verbreiterung am Trommelmagazin zu schmal war, musste beidseitig ein Stück Holz aufgeleimt und anschließend verschliffen werden. Manche Gewehre zeigen heute an dieser Nahtstelle einen Riss oder die Hölzer haben sich unterschiedlich verfärbt.

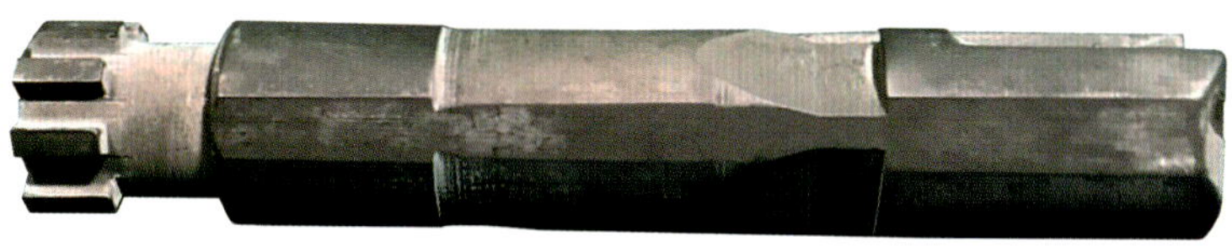

Der Verschluss mit den 8 Verriegelungswarzen erfordert nur eine geringe Drehbewegung.

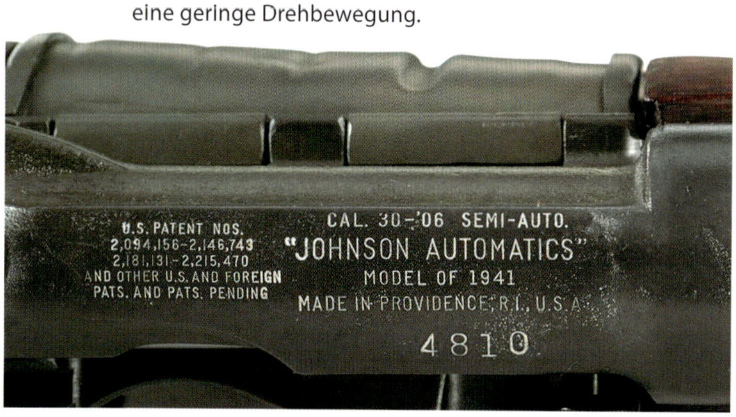

Typische Stempelung eines M1941. Die „Krone über W" ist der niederländische Eigentumsstempel.

Der Kongress beschäftigte sich 1940 ebenfalls mit der Entscheidung zwischen Garand und Johnson. Links der Vorsitzende des Untersuchungsausschusses, Senator Morris Sheppard, und in der Mitte Major General George Lynch, U.S. Chief of Infantry.

Neben diesem Auftrag erhielt Johnson noch eine Bestellung aus Chile: 1000 Stück im Kaliber 7 x 57 mm. Aus Mangel an Laufziehmaschinen wurden diese Waffen ohne Läufe ausgeliefert und Chile kaufte Läufe aus mexikanischer Fertigung. Und als ob diese Arbeit noch nicht genug wäre, kam jetzt auch noch das Marine Corps und lud ihn zu einer vierwöchigen ausgiebigen Erprobung in San Diego ein. Das Ergebnis war wieder einmal wenig überraschend: Weder Garand noch Johnson zeigten eine deutliche Überlegenheit. Das Marine Corps entschied sich deshalb für den schon in Serie gefertigten M1 Garand. Einzig die neu gebildeten Fallschirmjäger der Marines (ParaMarines) verlangten nach dem Johnson, denn der abnehmbare Lauf machte die Waffe ideal für Sprungeinsätze.

Und sie sollten die Waffe auch bekommen – allerdings auf Umwegen. Denn während die ersten etwa 30 000 fertigen Waffen für die Niederländer noch im Hafen von San Francisco auf ihre Verschiffung warteten, überrannten die Japaner bereits die Kolonien. Es ist bis heute nicht ganz geklärt, wie viele Johnson-Gewehre in die Hände der Marines gelangten. Im Pazifikkrieg wurden sie jedenfalls erfolgreich eingesetzt, und mehrere dekorierte Marines erlangten ihre Erfolge mit dem M1941.

Das Johnson M1941 war dem Garand in Punkto Präzision leicht überlegen.

Nach dem Krieg erhielten die Niederländer ihre Waffen dann doch noch und setzten sie in den Kämpfen um die Kolonien ein. Allerdings nicht mehr gegen die Japaner, sondern gegen die dortige, nach Unabhängigkeit strebende Bevölkerung. Viele Johnson M1941 verschwanden in dunklen Kanälen, in Korea und Vietnam nutzte sie der Vietcong, und auch heute sind sie in Asien hin und wieder zu finden. Für die 1961 fehlgeschlagene Invasion in der Schweinebucht von Kuba rüstete die CIA die Exil-Kubaner der Brigade 2506 überwiegend mit Johnson M1941 aus.

Die Leistung von Melvin Johnson ist wirklich beachtlich: Bei Übernahme des niederländischen Auftrags hatte er keine Fabrik, keine Erfahrung in der Herstellung und nur eine Handvoll Prototypen. Und bereits am 19. April 1941 schoss er die erste Serienwaffe auf dem Schießstand. So bleibt die durchaus interessante Frage, wie sich wohl die U.S.

Ein Johnson M1941 in den Händen kommunistischer Chinesen während des Bürgerkriegs

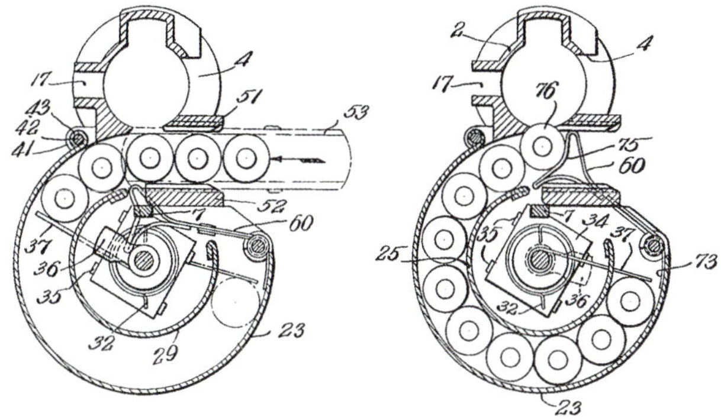

Johnson ließ sich viele Erfindungen patentieren. So auch sein Trommelmagazin.

Army entschieden hätte, wenn Johnsons Selbstladegewehr ein paar Jahre früher zeitgleich mit dem Garand zur Auswahl gestanden wäre.

Technische Daten Johnson M1941:	
Hersteller:	Johnson Automatics
Produktionszeit:	1941–1945
Kaliber:	.30-06 Springfield und 7 x 57 mm
Länge:	1156 mm
Lauflänge:	558 mm
Gewicht (ungeladen):	4,31 kg
Magazinkapazität:	10 Patronen
Feuerrate:	30 Schuss/min

China

Liu-Gewehr

Auch im Reich der Mitte begannen bereits vor dem Ersten Weltkrieg erste Entwicklungsarbeiten an einem eigenen Selbstladegewehr. Führend hierbei war der staatliche Rüstungskomplex in Hanyang in der Provinz Hubei unter dessen Leiter General Liu Qing-En. Geboren am 10. Oktober 1869 in Sichuan, zog es ihn schon früh zum Militär. Er machte seinen Abschluss an der Armee- und Marineakademie in Guangdong, diente in den Reihen der ›Schwarzen Flaggen‹ unter Liu Yongfu und nahm 1896 am Kampf gegen die Japaner um die Hafenstadt Tainan auf Taiwan teil. Nach dem Krieg begann er eine Arbeit als Techniker in Hanyang. Wenig später durfte Liu im Rahmen eines Fortbildungsprogramms nach Japan reisen und dort eine technische Hochschule besuchen. Danach blieb er weiter in Japan und schrieb sich an der Universität in Tokio zum Studium von Maschinenbau und Waffentechnik ein. Nach seinem erfolgreichen Abschluss kehrte Liu nach Hanyang zurück. Im Jahre 1909 konnte er im Rahmen einer Auslandsreise auch die Friedrich Krupp AG in Deutschland besuchen. Noch während seiner Zeit in Japan war Liu der Revolutionsbewegung von Sun Yat-sen beigetreten, die letztendlich zum Ende der zweitausendjährigen Herrschaft der Kaiserdynastien in China führte. Unmittelbar nach der Wahl von Sun Yatsen zum Übergangspräsidenten der Republik China wurde Liu im Jahre 1912 zum neuen Leiter des Hanyang Arsenals befördert.

Dank seiner Ausbildung und seinen Reisen war General Liu modernen Entwicklungen gegenüber sehr aufgeschlossen. Er erkannte schon früh, dass automatischen Waffen die Zukunft gehören würde, und experimentierte bereits in den Jahren vor dem Ersten Weltkrieg mit halbautomatischen Gewehren. Heraus kam ein Gasdrucklader mit einem Funktionsprinzip ähnlich dem des dänischen Bang-Systems: Die Verbrennungsgase werden dabei in einem Mündungsaufsatz aufgefangen und ziehen eine Übertragungsstange nach vorne, welche wiederum über ein Gelenk den Verschluss zum automatischen Nachladevorgang in Bewegung versetzt. Nach Verschuss der letzten Patrone bleibt der Verschluss in offener Stellung stehen.

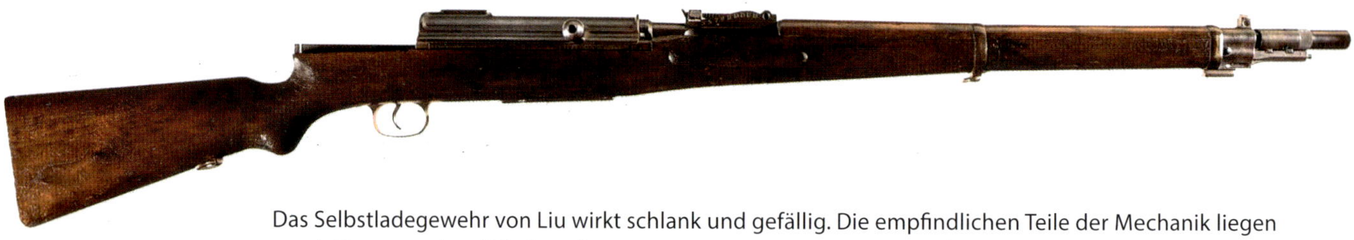

Das Selbstladegewehr von Liu wirkt schlank und gefällig. Die empfindlichen Teile der Mechanik liegen geschützt unter dem Schaft verborgen.

Der Selbstlademechanismus lässt sich an General Lius Gewehr an- und abschalten. Dreht der Schütze nach Eindrücken einer gefederten Sperre den Mündungsaufsatz gegen den Uhrzeigersinn, wird dieser von der Stange entkoppelt und die Waffe funktioniert fortan nur noch als Geradezugrepetierer. Beim Zurückdrehen hakt der Mündungsaufsatz mit seinen beiden Warzen wieder in die Stange ein, und die Waffe schießt wieder halbautomatisch. Im Holzschaft ist ein Fach für Reinigungsgerät und kleines Werkzeug eingearbeitet.

In Hanyang standen zum damaligen Zeitpunkt keine geeigneten Maschinen zur Herstellung dieser technisch anspruchsvollen Waffe zur Verfügung. Nach der Gründung im Jahre 1891 fertigte das Arsenal vor allem Kanonen und deren Munition. Drei Jahre später brannte es fast vollständig nieder, und nach dem erfolgreichen Wiederaufbau begann dort die Fertigung einer Kopie des Mauser-Gewehrs 88. Eigentlich befand sich das Arsenal versorgungstechnisch geschickt umgeben von Kohle- und Eisenerzminen und Stahlwerken. Der angrenzende Jangtsekiang (Jangtse) ist Chinas längster Fluss und bietet hervorragende Transportmöglichkeiten. Doch die Qualität der Rohrstoffe schwankte, und veraltete Maschinen sowie Misswirtschaft führten immer wieder zu Versorgungsengpässen. Gemessen an der Größe des Arsenals blieb der Fertigungsausstoß gering. Lokale Unruhen und Plünderungen wie etwa während der Xinhai-Revolution sorgten zudem für zeitweiligen Stillstand.

General Lui kontaktierte deshalb im Januar 1914 die amerikanische Firma Pratt & Whitney Tool Company in Hartford (Connecticut). Die Maschinenfabrik hatte bereits im Amerikanischen Bürgerkrieg die U.S. Army mit Maschinen und Werkzeugen zur Waffenfertigung beliefert und verfügte somit über langjährige Erfahrung. Die Verhandlungen verliefen gut und am 11. April wurde ein Vertrag über 1 082 500 US-Dollar zur Lieferung von Fertigungsmaschinen nach Hanyang unterzeichnet. Innerhalb von 24 Monaten sollte der Auftrag abgeschlossen sein. Im September reiste General Liu mit seiner Familie und sieben Mitarbeitern nach Hartford, um die einzelnen Maschinen kennenzulernen

General Liu Qing-En, aufgenommen während seines Aufenthalts in den USA im Oktober 1914.

und die späteren Fertigungsschritte und Abläufe zu planen. Im Juni 1915 reisten die Chinesen wieder ab. Über ein Jahr später, am 8. September 1916, fand auf dem Erprobungsgelände Nan Yuan bei Peking ein Vergleichsschießen zweiter Lui-Gewehre statt: eines noch handgefertigten Prototyps aus Hanyang und einer bei Pratt & Whitney auf den neuen Maschinen gefertigten Waffe. Es zeigte sich die Überlegenheit der maschinengefertigten Bauteile, wie etwa der Schließfeder. Die handgewickelte Feder verlor nämlich rasch die notwendige Kraft für den automatischen Ladevorgang. Ansonsten verlief der Test sehr zufriedenstellend. Das Selbstladegewehr war nur unwesentlich schwerer als ein gewöhnliches Repetiergewehr und der Patronenvorrat von sechs Patronen erschien ausreichend zu sein. Ein im Nachladen geübter Schütze erreichte eine Feuerrate von etwa 40 Schuss pro Minute, wobei natürlich bei solch schneller Schussfolge auch seine Präzision nachließ. Die einzigen Störungen wurden von der Munition verursacht und dabei insbesondere vom ungleichmäßigen Abbrandver-

Das Arsenal in Hanyang hätte das neue Selbstladegewehr fertigen sollen.

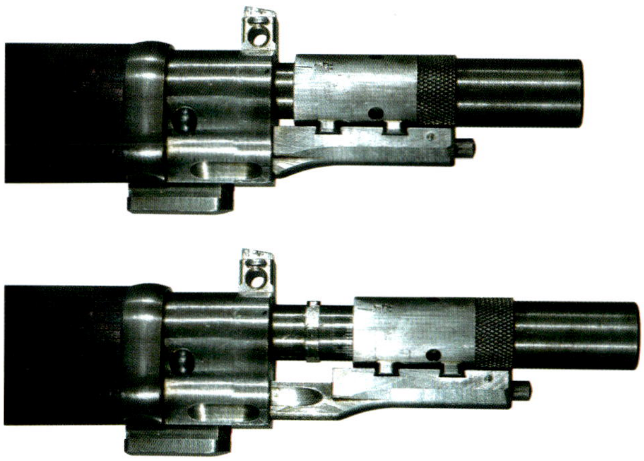

Beim Schuß treiben die Gase den Mündungsaufsatz nach vorne. Dieser ist in eine unter dem Lauf gelagerte Stange eingehakt, welche somit ebenfalls bewegt wird.

Über dieses Gelenk wird die Bewegung der Stange auf ein Schlagstück übertragen, welches den Impuls auf den Verschluß überträgt.

halten des Pulvers. Die Prüfungskommission empfand das automatische Vor- und Zurückgleiten des Verschlusses als sehr gewöhnungsbedürftig für den Schützen, denn er sieht den Verschluss direkt auf sein Gesicht zukommen. Das war zwar kein technischer Mangel, aber es wurde als ein wichtiger Punkt in der künftigen Ausbildung vorgemerkt.

Im Abschlussbericht vom 13. September 1916 kam die Kommission zu der Erkenntnis, dass die eigenen Fähigkeiten zur Munitionsfertigung noch lange nicht ausreichend seien, und deshalb die Patronen im Ausland gefertigt werden sollten. Ebenso müsste der hochwertige Stahl für die Fertigung der Waffe aus Deutschland oder Schweden importiert werden. Als nächste Schritte wurden eine weitere Erprobung an der Schule für Offiziersanwärter und ein anschließender Feldversuch bei der Infanterie vorgeschlagen. Dabei wäre unter anderem zu klären, ob das Laufprofil mehr als 5000 Schuss ohne Verschleiß aushält, ob sich der Mündungsaufsatz nach längerem Schießen noch problemlos verdrehen lässt und ob die Waffe zum Überhitzen neigt.

Die Vorbereitungen in Hanyang schritten voran, und China war auf dem besten Wege, eine der ersten Nationen mit einem Selbstladegewehr in der Armee zu werden. Doch dann erhielt die Geschichte eine tragische Wendung. Im Frühjahr 1919 hatte Pratt & Whitney den Maschinenpark komplett fertiggestellt und auf ein Frachtschiff verladen. Kurz vor dem Zielhafen Shanghai geriet das Schiff in einen schweren Sturm und sank nahe der Küste. Für General Liu war dies ein Schock, den er nicht verkraften konnte. Er erlitt im Sommer während einer Besprechung im Verteidigungsministerium einen Schlaganfall, der ihn halbseitig lähmte und zur Aufgabe seiner Tätigkeiten zwang. Im April 1929 starb General Liu Qing-En im Alter von nur 59 Jahren in Shanghai.

Zwar konnte später im Jahre 1919 die Schiffsladung gehoben werden und erreichte doch noch den Hafen von Shanghai. Aber ohne die führende Hand von General Liu brachen die Pläne zum Auf-

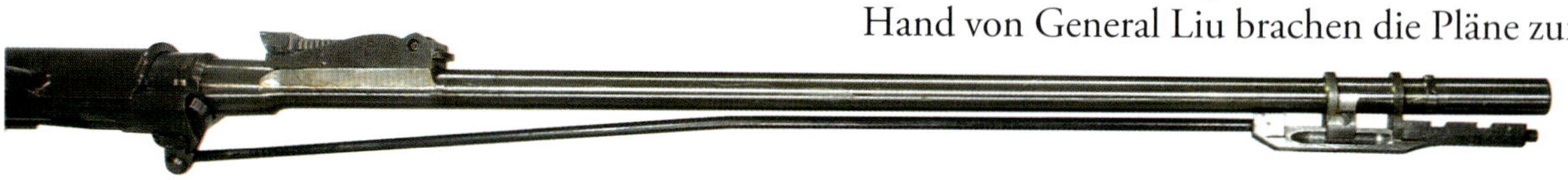

Blick auf die simple Übertragungsstange. Der Schaft schützt sie gut vor Beschädigungen.

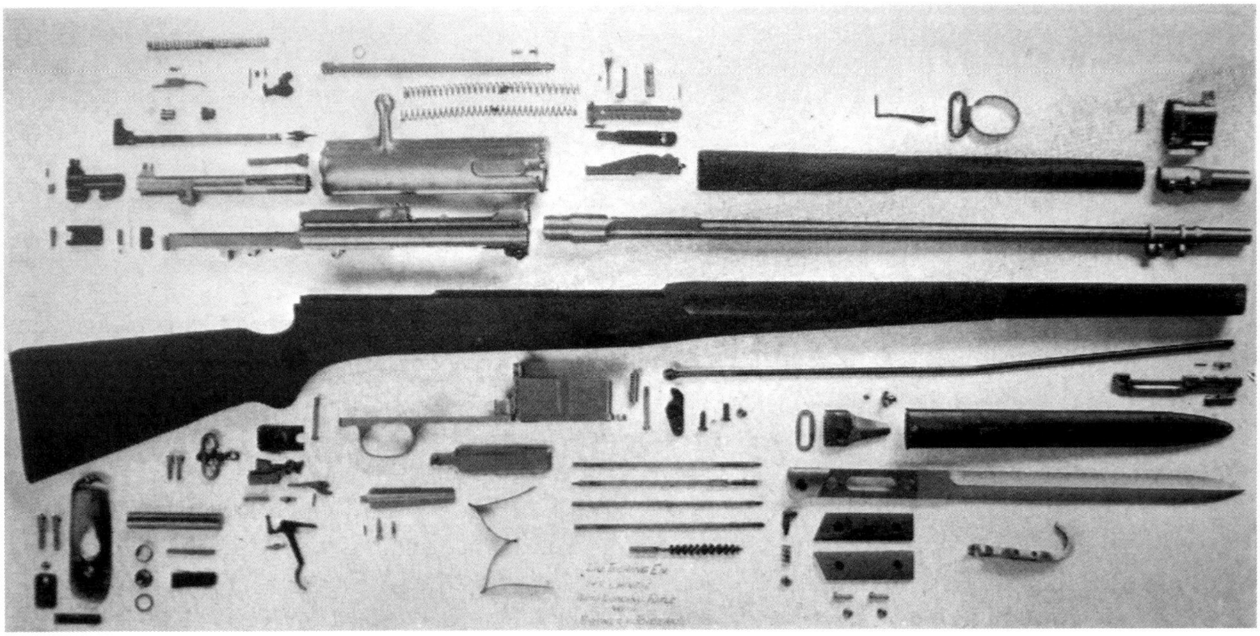

Die U.S. Army testete 1918 zwei Liu-Gewehre in Springfield.

bau einer Serienfertigung in Hanyang zusammen. Mit den Maschinen wusste niemand etwas anzufangen, und so blieben die Kisten für über zwei Jahre in einem Lagerhaus im Hafen liegen. Erst 1921 transportierte man sie in das 11. Arsenal nach Gongxian zur Fertigung von Repetiergewehren auf Mauserbasis und später des Zhongzheng (Chiang Kai-shek) Gewehrs. 1939 wurde die Gewehrfertigung in das 1. Arsenal nach Hanyang verlagert.

Somit erreichten die Maschinen nach 20 Jahren tatsächlich ihr ursprüngliches Ziel. Nur Selbstladegewehre wurden damit in China nie hergestellt, auch wenn die Lui-Gewehre die Stempelung »Hergestellt im Armee-Arsenal Hanyang« tragen. Die Stempel-Werkzeuge waren nämlich so von Pratt & Whitney für die Fertigung in Hanyang vorbereitet worden. Pratt & Whitney baute selber schätzungsweise 15 bis 20 Waffen zur Erprobung der Fertigungsmaschinen. Einige Stücke schickte man nach China zur Qualitätskontrolle. Die meisten blieben jedoch in den Vereinigten Staaten, wo unter anderem 1918 zwei Stück von der U.S. Army in Springfield getestet wurden. Eine militärische Modellbezeichnung erhielt die Waffe nie.

In einer Zeit voller politischer Unruhen, inneren Machtkämpfen und Bedrohung von außen verpasste China die Gelegenheit, seinen Streitkräften ein überlegenes Selbstladegewehr in die Hand zu geben. Es bleibt eines der großen Rätsel, warum die jahrelang geplante und vorbereitete Fertigung in Hanyang trotz der geborgenen Maschinen letztendlich nicht zustandekam.

Technische Daten Liu-Gewehr:	
Hersteller:	Pratt & Whitney
Produktionszeit:	1914–1916
Kaliber:	7,92 x 57 mm
Länge:	122,5 cm
Lauflänge:	64,7 cm
Gewicht (ungeladen):	4,7 kg
Magazinkapazität:	6 Patronen
Vo:	780 m/s
Visier:	Schiebevisier 400–2 000 Meter

Mexiko

Mondragón Modelo 1908

Anfang des 20. Jahrhunderts war Mexiko ein Land ohne jede Tradition im Waffenbau. Unter dem autoritär regierenden damaligen Präsidenten Porfirio Díaz begann eine langsame, aber stetige Industrialisierung des Landes. Auch das Militär wurde stärker gefördert und neue Entwicklungen vorangetrieben. Der Offizier und Amateur-Waffenkonstrukteur Manuel Mondragón experimentierte dank dieser Unterstützung mit verbesserten Repetiergewehren zur Steigerung der Feuergeschwindigkeit – ein Weg, der ihn letztendlich bis zu einem Selbstladegewehr führen sollte. Eines seiner frühen Modelle von 1893, ein Geradezurepetierer im Kaliber 6,5 x 53 mm, besaß etwa eine Feuerwahlvorrichtung, mit der sich die Funktion des Abzugs deaktivieren ließ. Nun wurde der Verschluss nicht mehr gefangen. Der Schütze zog also den Verschluss zurück und beim Loslassen schnellte dieser nach vorne, führte eine Patrone zu und zündete sie sofort nach der Verriegelung. Ein Finger am Abzug war nicht mehr nötig und der Schütze konnte so schnell schießen, wie er den Verschluss betätigte.

Die mexikanische Armee fand Gefallen an der Waffe und orderte 50 Stück für einen Truppenversuch. Mangels landeseigener Fertigungskapazitäten wurden die Waffen bei der Schweizerischen Industrie-Gesellschaft SIG in Neuhausen in der Schweiz hergestellt und nach Mexiko geliefert. Die ersten Versuche verliefen erfolgreich, und somit order-

Mondragóns Geradezurepetierer von 1894 im Kaliber 5,2 x 68 mm, bei dem sich die Funktion des Abzugs zum schnellen Schießen deaktivieren ließ. Hier die Seriennummer 34.

Anfangs besaß das Fusil Porfirio Díaz Sistema Mondragón Modelo 1908 noch ein abklappbares Zweibein.

Dieses Modell 1908 mit der Seriennummer 1171 ist mit einem 20-Schuß-Magazin ausgestattet.

Stempelung des Herstellers SIG aus Neuhausen in der Schweiz auf dem Gehäuse der Waffe.

te die Armee im Jahr 1894 nochmals 200 Stück. Diesmal allerdings im Kaliber 5,2 x 68 mm. Diese Hochdruck-Patrone war eine Entwicklung von Mondragón in Zusammenarbeit mit dem bekannten Schweizer Ballistiker Oberst Eduard Rubin. Das nur sechs Gramm schwere Hochgeschwindigkeitsgeschoss benötigte innerhalb der Patronenhülse einen kleinen Treibspiegel, um die Energie der Pulverladung überhaupt aufnehmen zu können. Das Kaliber bewährte sich jedoch nicht, und Mondragón kehrte wieder zu größeren Kalibern zurück.

Anfang 1904 hatte Mondragón dann sein erstes Selbstladegewehr fertig, dessen Konstruktion er auch umgehend zum Patent anmeldete. Die Waffe arbeitet als Gasdrucklader mit Drehverschluss. Der Gasdruck wird über eine Bohrung im Lauf abgezweigt und drückt auf einen unter dem Lauf liegenden Gaskolben, der wiederum den Verschluss in Schwung versetzt. Im Spanngriff ist eine spezielle gefederte Kupplung integriert. Drückt der Schütze darauf, löst sich der Verschluss vom Gassystem und die Waffe kann somit als Geradezugrepetierer verwendet werde. Wahlweise gab es noch ein anklappbares Zweibein.

Nach mehreren Verbesserungen und Vorführungen beim Militär wurde das Gewehr im Kaliber 7 x 57 mm Mauser im Jahre 1908 offiziell als Fusil Porfirio Díaz Sistema Mondragón Modelo 1908 eingeführt. Der Fertigungsauftrag über 4000 Stück ging wieder an die SIG in der Schweiz. Der Stückpreis laut Vertrag betrug 160 Schweizer Franken und damit knapp dreimal so viel, wie damals ein Repetiergewehr kostete.

Als 1911 die ersten 400 Waffen in Mexiko ankamen, bewahrheitete sich das, was SIG bereits angekündigt hatte: Die Waffen zeigten kaum Toleranz für Verschmutzung und reagierten empfindlich auf schwankende Munitionsqualität. Eine gute Bewaffnung hätte die Armee durchaus brauchen kön-

Die Seriennummer 1 aus Schweizer Fertigung. Eine solche Waffe kostete damals knapp dreimal so viel wie ein Repetiergewehr.

nen, denn am Horizont zogen schon die dunklen Wolken der Mexikanischen Revolution auf. Doch angesichts der unzuverlässigen Funktion und des hohen Stückpreises stornierte die Regierung kurzerhand die gesamte restliche Bestellung. SIG blieb also auf etwa 1000 auslieferungsbereiten, aber unbezahlten Gewehren sitzen.

Verkaufsversuche in andere Länder blieben ohne Erfolg, und die Waffen schlummerten für die nächsten Jahre im Lager. Erst während des Ersten Weltkriegs konnte SIG diesen Altbestand endlich loswerden, nämlich an das Deutsche Reich. Das Artilleriedepot in Spandau baute die Mondragón-Gewehre auf das deutsche Kaliber 7,92 x 57 mm um, und ein ansteckbares Trommelmagazin, ähnlich dem der Pistole 08, erhöhte den Munitionsvorrat auf 30 Patronen. Die umgebauten Waffen kamen allesamt als »Flieger-Selbstlade-Karabiner 15« zur Fliegertruppe. Nur dort war der Einsatz einer solch schmutzempfindlichen Selbstladewaffe überhaupt möglich. Vorsichtshalber erhielt trotzdem jeder Bordschütze gleich zwei Gewehre, um im Falle einer Störung nicht wehrlos zu sein.

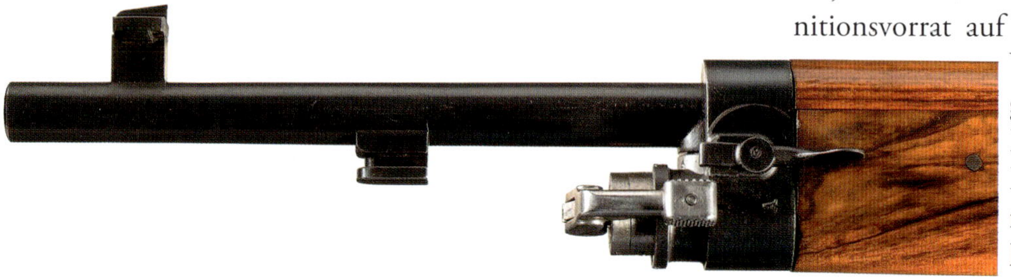

Der Gaszylinder läßt sich vorne zur Reinigung öffnen. Der Schwenkhebel rechts darüber dient zur Demontage des Oberrings.

Einige Waffen hatten die Schweizer behalten und auf ihr Kaliber 7,5 x 55 mm umgerüstet, sowie ein 12-Schuss-Magazin und einen Hülsenfangkorb angebracht. Sie bestückten damit in den frühen Kriegsjahren Aufklärungsflugzeuge wie etwa die Häfeli DH-1, bis genügend leichte Maschinengewehre zur Verfügung standen.

Die Patrone im Kaliber 5,2 x 68 mm entstand in Zusammenarbeit mit dem Schweizer Ballistiker Eduard Rubin.

Den Raum zwischen Geschoß und Patronenhülse dichtete ein kleiner Treibspiegel ab.

Versuchsstück mit geriffeltem Lauf zur besseren Kühlung und Trommelmagazin.

Das im Deutschen Reich für den „Flieger-Selbstlade-Karabiner 15" gefertigte Trommelmagazin faßt 30 Schuß im Kaliber 7,92 x 57 mm..

Technische Daten Mondragón Modelo 1908:	
Hersteller:	SIG
Produktionszeit:	1908–1911
Kaliber:	7 x 57 mm Mauser
Länge:	1105 mm
Lauflänge:	577 mm
Gewicht (ungeladen):	4,18 kg
Magazinkapazität:	10 Patronen

Schweden

Automatgevär m/42 (Ljungman)

Kurz vor dem Zweiten Weltkrieg erwachte auch in Schweden erneut das Interesse an einem Selbstladegewehr zur Stärkung der Streitkräfte zur Landesverteidigung. Während des vorherigen Krieges hatte man zwar bereits französische und russische Halbautomaten getestet, aber dieses halbherzige Unterfangen verlief bald wieder im Sande. Eric Wallberg von der Kungliga Armétygförvaltningen (Königliche Armeeverwaltung) versuchte sich 1938 am Umbau des bereits eingeführten Repetiergewehrs m/39 zum automatischen Schießen. Doch schnell zeigte sich, dass dieses Unterfangen wenig Aussicht auf Erfolg haben würde. Es folgte ein Aufruf an diverse Waffenkonstrukteure zur Entwicklung eines Selbstladegewehrs.

Gegen Ende der Erprobungen und Vergleichsschießen blieben noch zwei Gasdrucklader-Modelle übrig. Eines stammte von dem finnischen Offizier Carl Pelo und eines von Erik Eklund, dem Inhaber der Firma C.J. Ljungmans Verkstäder in Malmö. Seine Firma hatte übrigens nichts mit Waffen zu tun, sondern stellte Pumpen und Zapfsäulen für Tankstellen her. Letztendlich entschied sich die Prüfungskommission im August 1941 für Eklunds Waffe, da sie leichter war und aus weniger Einzelteilen bestand.

Die offizielle Einführung in die Standardbewaffnung erfolgte am 5. Dezember 1941 als »Automatgevär m/42« (Ag m/42) – also nicht einmal ein Jahr nach Fertigstellung des Prototyps. Die schwedische Nomenklatur unterscheidet hierbei nicht zwischen halb- und vollautomatischen Gewehren, sondern nur noch zwischen Kulsprutegevär (leichtes Maschinengewehr) und Kulsprutepistol (Maschinenpistole). Die Fertigung der neuen Waffe übernahm die staatliche Carl Gustafs Waffenfabrik in Eskilstuna.

Das Automatgevär m/42 hatte einen schweren Start und wurde erst durch nachträgliche Verbesserungen zu einer zuverlässigen Waffe.

Die Riffelung am Verschlußdeckel war nicht griffig genug. Ebenso fiel das Magazin leicht heraus.

Erik Eklund hatte von Anfang an Wert auf eine mechanisch einfache Konstruktion gelegt. Deshalb besitzt sein Gewehr kein bewegliches Gasgestänge. Der Gasdruck wird nahe der Mündung abgezweigt und über ein Gasrohr unmittelbar auf den Verschlussträger geleitet. In geschlossenem Zustand stülpt sich ein am Verschlussträger befestigter Napf über das Ende des Gasrohrs und verhindert das vorzeitige Entweichen des Drucks. Solche Systeme sind einfach, aber heiße Gase und Pulverrückstände gelangen direkt in die Waffe und können bei mangelhafter Reinigung durch Ablagerungen zu Funktionsstörungen führen.

Der Verschluss ist als Kippblockverschluss ausgelegt und verriegelt in vorderer Stellung nach unten ins Gehäuse. Nach dem letzten Schuss bleibt der Verschlussträger in der hinteren Stellung stehen und der Schütze kann nachladen. Das schwedische Militär hatte allerdings den Vorteil eines Wechselmagazins nicht erkannt und legte als bevorzugte Methode das Nachladen aus Ladestreifen von oben in das in der Waffe befindliche Magazin fest. Das Ag m/42 wird mit einer Flügelsicherung hinten am Gehäuse gesichert: Rechte Position ist gesichert, links entsichert.

Seit 1894 nutzte die schwedische Armee die Patrone m/94 mit Rundkopfgeschoss. Für zivile Waffen wurde vor dem Zweiten Weltkrieg ein neues Geschoss mit Spitzgeschoss entwickelt. Seine Flugbahn war sehr flach und die Treffgenauigkeit daher hoch. 1941 akzeptierte die Armee dieses Geschoss als prj m/41 (prj steht für Projektil). Der Verstellknopf am Visier des Ag 42/m besitzt deshalb einen kleinen Ausschnitt, durch den die Abbildung eines der beiden Geschosses zu erkennen ist. So kann der Schütze je nach verwendeter Munition sein Visier anpassen.

Bei den ersten Truppenversuchen zeigte sich auch eine sehr schwankende Präzision. Da das Gasrohr direkt über dem Lauf liegt und auch mit diesem fest verbunden ist, können sich beide Komponenten bei Hitze nicht frei ausdehnen. Bei heißgeschossenen Waffen reichten die Streukreise auf 100 Meter von 83 mm bis zu erschreckenden 356 mm.

Die verbesserte Ausführung B mit Hülsenabweiser aus Gummi und Knöpfen beidseitig am Verschlussdeckel.

Das Ag m/42 hatte auch ansonsten keinen guten Start in der schwedischen Armee. Beim regelmäßigen Schießen brachen ständig die Auszieher. Die Entwicklungsabteilung fand dann heraus, das der Kohlenstoffanteil in dem vom Hüttenwerk Fagersta bruk gelieferten Stahl zwischen 0,15 und 0,40 Prozent schwankte, was natürlich Auswirkungen auf die Stabilität hatte. Das war ein gravierender Fehler eines Unternehmens, dessen Chefingenieur zu dieser Zeit kein Geringerer als Johan August Brinell war, ein Mitglied der Königlich Schwedischen Akademie der Wissenschaften und Erfinder von Methoden zur Härteprüfung. Ein Auszieher hielt anfangs nur etwa 4000 Schuss durch. Ein weiteres Problem war die Rostanfälligkeit der Gasrohre, sodass ein Wechsel auf rostfreien Stahl nötig wurde. Ebenso musste die Magazinhalterung verändert werden, da die Magazine leicht herausfielen.

Im Jahre 1953 begann ein Programm zur Umrüstung des gesamten Bestands an Waffen auf den neuesten Stand. Nach drei Jahren waren die Arbeiten abgeschlossen. Zusätzlich zu den erwähnten Änderungen erhielt der Verschlussdeckel zwei seitliche Knöpfe zum besseren Greifen mit der Hand und das Visier ein anderes Verstellrad. Der Hül-

Vergleich der Geschossformen der 6,5-mm-Munition: Links das alte Rundkopfgeschoss m/94 und rechts das neuere Spitzgeschoss m/41.

Dieses Ag m/42B trägt aufgesteckte Nachtzielhilfen mit fluoreszierenden Farbpunkten auf Kimme und Korn und ein Platzpatronengerät auf der Mündung.

senabweiser bekam eine Ummantelung aus Gummi, damit die leeren Hülsen nicht verformt wurden und somit zum Wiederladen verwendbar blieben. Die neuen Magazine besaßen einen zusätzlichen Haken zum besseren Halt und der mehrteilige, zusammenschraubbare Putzstock wurde durch einen einteiligen ersetzt. Die überarbeitete Waffe bekam den Zusatz »B« und nannte sich nun Ag m/42B. Die Überarbeitung war so gründlich, dass heute nur noch wenige Waffen im ursprünglichen Zustand existieren. Die meisten davon waren während des Krieges von norwegischen Polizeieinheiten nach ihrer Ausbildung in Schweden ins Heimatland mitgenommen worden und entgingen somit der Nachbesserung.

Ein am Verschlussträger befestigter Napf stülpt sich beim Schließen über das Ende des Gasrohrs.

Geländemarsch in den schwedischen Bergen. Die Soldaten tragen alle ein Ag m/42B.

Die Carl Gustafs stads gevärsfaktori in Eskilstuna fertigte etwa 30 000 Stück des Ag 42/m. Durch die Überarbeitung wurde daraus eine zuverlässige und beliebte Waffe, die bis in die 60er-Jahre in der aktiven Verwendung blieb. Nach einem unfangreichen Auswahlverfahren entschied sich Schweden damals für das G3 von Heckler & Koch als Nachfolger und von 1965 bis 1985 wurde davon eine Lizenzversion als »Ak 4« (Automatkarbin 4) bei Husqvarna und Carl Gustaf hergestellt.

Nach einer Umrüstung auf das NATO-Kaliber 7,62 x 51 mm dienten einige Ljungman-Systeme unter der Bezeichnung »Inskjutningsgevär 5110« als Einschießwaffe für die 90-mm-Panzerabwehrkanone Pv-1110.

Dänemark versuchte sich ab 1949 an einem verbesserten Nachbau des Ag m/42, und die Firma Dansk Industri Syndikat A/S (DISA) fertigte diverse Waffen in verschiedenen Kalibern unter der Bezeichnung »Madsen/Ljungman«. Nach nur etwa 50 Versuchsstücken endete das Projekt 1955 wieder.

Wenige Jahre später machte Schweden nochmals ein gutes Geschäft und verkaufte die Fertigungsrechte und sämtliche nicht mehr benötigten Maschinen aus der längst eingestellten eigenen Herstellung nach Ägypten. Der dortige Nachbau namens »Hakim« unterscheidet sich in einigen Details vom Ag 42/m. Wegen der großen Weltkriegs-Restbestände an Patronen im Kaliber 7,92 x 57 mm wurde die Waffe für dieses stärkere Kaliber eingerichtet und erhielt zur Minderung des Rückstoßes eine Mündungsbremse auf den Lauf. Die schwankende Munitionsqualität machte eine Gasdruckregulierung notwendig, so dass die Ägypter an der Gasentnahme eine verstellbare Schraube anbrachten. Etwa 70 000 Hakims liefen bei der Al Maadi Company for Engineering Industries (Fabrik 54) in Kairo vom Band. Zudem noch etwa 8 000 Stück der »Rasheed« genannten Kurzversion im sowjetischen

Nahaufnahme eines „Inskjutningsgevär 5110". Das ursprüngliche System des Ag m/42 ist noch gut erkennbar.

Die Pansarvärnspjäs 1110 wurde Anfang der 60er Jahre in Dienst gestellt (hier als Exportmodell bei der litauischen Armee). Oben drauf sitzt ein modifiziertes Ag m/42-System zum Einschießen auf einen Zielpunkt.

DISA in Dänemark versuchte sich nach dem Krieg erfolgslos an einem verbesserten Nachbau.

Kaliber 7,62 x 39 mm und mit Klappbajonett, bevor dort Mitte der 60er-Jahre die Lizenzfertigung der Kalaschnikow AK-47 in Serie ging.

Nach dem Verkauf der Fertigungsrechte produzierte Ägypten das Modell „Hakim" im Kaliber 7,92 x 57 mm. Die Kurzversion „Rasheed" dagegen war für die sowjetische Patrone 7,62 x 39 mm eingerichtet.

Technische Daten Automatgevär m/42:	
Hersteller:	Carl Gustafs Stads Gevärsfactori
Produktionszeit:	1942–1945
Kaliber:	6,5 x 55 mm
Länge:	1220 mm
Lauflänge:	620 mm
Gewicht (ungeladen):	4,6 kg
Magazinkapazität:	10 Patronen
Feuerrate:	40 Schuss/min

WEITERE INTERESSANTE BÜCHER ZUM THEMA

Alexander Losert beschreibt in seinem Buch alle wichtigen Maschinengewehre aus deutscher Fertigung, die bis zum Ende des Zweiten Weltkrieges entwickelt und verwendet wurden, darunter auch die selbstentwickelte, wassergekühlte MG 08 bzw. 08/15.
144 Seiten, 150 Abbildungen,
Format 215 x 280 mm
ISBN 978-3-613-04122-6
€ 19,95 / € (A) 20,60

Michael Heidler beschreibt in diesem Band Typen, Funktionsweise und technischen Aufbau von Maschinenpistolen und erzählt, wie sich diese Waffe in Deutschland, Europa und in anderen Teilen der Welt entwickelt und durchgesetzt hat.
128 Seiten, 220 Abbildungen,
Format 215 x 280 mm
ISBN 978-3-613-04186-8
€ 19,95 / € (A) 20,60

Michael Heidler beschreibt, wie der Einsatz von Maschinenpistolen nach dem Zweiten Weltkrieg neu überdacht wurde. Das Sturmgewehr drängte die MP in neue Rollen als Selbstverteidigungs- und Nahkampfwaffen sowie im Polizei-Einsatz. Der Autor schildert Entwicklung, Typen und Technik moderner MP aus aller Welt.
128 Seiten, 150 Abbildungen,
Format: 210mm x 280mm
ISBN: 978-3-613-04218-6
€ 19,95 / € (A) 20,60

In seiner umfassenden Dokumentation zeigt Alexander Losert Militärpistolen und Revolver der wichtigsten Kriegsparteien im Zweiten Weltkrieg. Den Schwerpunkt dieses Buches bilden dabei die Waffen der Wehrmacht, inklusive der Beutewaffen, sofern sie verwendet wurden. Außerdem werden japanische Modelle aufgelistet.
128 Seiten, 150 Abbildungen,
Format: 210mm x 280mm
ISBN: 978-3-613-04280-3
€ 19,95 / € (A) 20,60

Stand Juli 2020
Änderungen in Preis und Lieferfähigkeit vorbehalten.

Überall, wo es Bücher gibt, oder unter
WWW.MOTORBUCH-VERSAND.DE
Service-Hotline: 0711 / 78 99 21 51

Motor buch Verlag